住房城乡建设部土建类学科专业『十三五』规划教材
全国住房和城乡建设职业教育教学指导委员会
建筑与规划类专业指导委员会规划推荐教材

居住区环境设计

（环境艺术设计专业、建筑室内设计专业适用）

十三五

本教材编审委员会组织编写

赵肖丹　主　编

陈冠宏　李燕　副主编
田治国　李进

季翔　主审

中国建筑工业出版社

图书在版编目（CIP）数据

居住区环境设计 ／ 赵肖丹主编. —北京:中国建筑工业出版社，2018.7
住房城乡建设部土建类学科专业"十三五"规划教材.全国住房和城乡
建设职业教育教学指导委员会建筑与规划类专业指导委员会规划推荐教材.
（环境艺术设计专业、建筑室内设计专业适用）
ISBN 978-7-112-22351-0

Ⅰ.①居… Ⅱ.①赵… Ⅲ.①居住区－环境设计－高等职业教育－
教材 Ⅳ.①TU984.12

中国版本图书馆CIP数据核字（2018）第131664号

本教材为住房城乡建设部土建类学科专业"十三五"规划教材、全国住房和城乡建设职业教育教学指导委员会建筑与规划类专业指导委员会规划推荐教材。本教材根据高等职业教育环境艺术设计专业课程要求，并参照助理设计师岗位职业能力要求编写，从培养学生的景观设计能力出发，讲述了居住区环境设计的基本原理，从典型案例入手，对居住区的景观设计方法与设计流程进行详细的介绍。全书分为5个单元，主要包括居住区环境设计概述，居住区环境规划设计的原则、方法与程序，居住区景观环境的营造，居住区环境配套设施设计，居住区景观设计案例分析与项目设计实训。

本教材内容翔实，文字叙述简明扼要，内容以实际设计项目为范例进行讲解，实践性强，能够让读者更好地了解当前行业的设计流程、方法及行业标准，便于读者学习和参考。本教材既可作为环境艺术设计、建筑室内设计及相关专业教材，也可作为业内人士及景观设计爱好者的岗位培训教材和实用参考书。为更好地支持本课程的教学，我们向使用本书的教师免费提供教学课件，有需要者请与出版社联系，邮箱：cabp_gzhy@163.com。

责任编辑：杨 虹 尤凯曦
责任校对：姜小莲

住房城乡建设部土建类学科专业"十三五"规划教材
全国住房和城乡建设职业教育教学指导委员会建筑与规划类专业指导委员会规划推荐教材

居住区环境设计
（环境艺术设计专业、建筑室内设计专业适用）
本教材编审委员会组织编写
赵肖丹 主 编
陈冠宏 李 燕 田治国 李 进 副主编
季 翔 主 审

＊

中国建筑工业出版社出版、发行（北京海淀三里河路9号）

各地新华书店、建筑书店经销
北京雅盈中佳图文设计公司制版
北京京华铭诚工贸有限公司印刷

＊

开本：787×1092毫米 1/16 印张：10 字数：210千字
2018年8月第一版 2018年8月第一次印刷
定价：35.00元（赠课件）
ISBN 978-7-112-22351-0
（32220）

编审委员会名单

主 任：季 翔

副主任：朱向军　周兴元

委 员（按姓氏笔画为序）：

王　伟　甘翔云　冯美宇　吕文明　朱迎迎

任雁飞　刘艳芳　刘超英　李　进　李　宏

李君宏　李晓琳　杨青山　吴国雄　陈卫华

周培元　赵建民　钟　建　徐哲民　高　卿

黄立营　黄春波　鲁　毅　解万玉

前　言

本教材根据高等职业教育环境艺术设计专业课程要求，紧密结合职业领域助理设计师、设计员岗位所需的业务知识、基本技能规格进行编写。是住房城乡建设部土建类学科专业"十三五"规划教材和全国住房和城乡建设职业教育教学指导委员会建筑与规划类专业指导委员会规划推荐教材之一。

居住环境是人类最为重要的生存空间，居住区环境的质量已经直接影响到人们的心理、生理以及精神生活。城市的居住环境建造必须建立在人与自然协调，社会、经济、生态可持续发展的基础上，才能保证城市健康有序的发展，即人、建筑和自然环境和谐相处。

《居住区环境设计》是一本讲授居住区环境设计原理和景观环境设计实用技巧与方法的教材，书中对居住区环境设计的优秀案例讲解与分析可为学生设计实训提供指导和相关资料的参考，使学生既能掌握较前沿的知识，又能在项目实训中得到实践技能的提高。本书主要具有以下特点：

定位准确、简单易学。本书定位为初学者的入门教材，因此，对居住区环境设计的诸多内容进行了精简，突出职业岗位能力训练，可读性、操作性强。

内容新颖、取材全面。一方面讲解了居住区环境设计应具备的基础知识；另一方面，设计案例赏析与设计技能实训，讲解了基于工作过程的设计表达和技能要点。

图文并茂、语言简练。本书引用了大量设计图片，理论知识简明、实用，技能实训部分注重方案设计过程的思维训练引导，通过案例使学生领悟和掌握居住区环境设计各个步骤的设计方法和表现技巧。

本教材引用了大量优秀设计案例，充实课堂教学内容，丰富教学信息。使教材结构更为合理。

本教材的教学建议学时数为90学时。

本教材由河南建筑职业技术学院赵肖丹担任主编，进行全书编写框架搭建，并编写单元1、单元2；深圳职业技术学院陈冠宏编写单元4；河南建筑职业技术学院李燕编写单元5；单元3由常州大学田治国和上海城建职业学院李进编写。全书由河南建筑职业技术学院赵肖丹统稿并修改。

本教材编写过程中借鉴和引用了部分文献及一些国内外的居住区环境设计实例及图片，在此，谨向提供设计案例的水木清华（厦门）园林规划设计有限公司及有关的作者、企业、单位和同行们深表感谢！同时也得到了许多从事建筑、景观环境设计教学的专家和老师的大力支持和帮助，本书完稿之际，深表衷心的感谢！

由于编者水平有限，编写时间仓促，书中难免有疏漏和不足之处，敬请广大读者和同行指正。

编　者

目　录

1

单元1　居住区环境设计概述

【学习目标】

1. 了解居住区的性质、规模及用地组成；
2. 能自主调查居住区的规划组织结构与布局及建筑的布局形式；
3. 掌握居住区景观元素的构成；
4. 能看懂居住区规划及环境景观设计的有关图纸；
5. 能自主调查居住区景观设计趋势，且对其有较清晰的认识。

1.1 居住区的性质、规模与类型

1.1.1 居住区的性质及规模

1. 居住区的性质

居住区是指由城市道路或自然分界线所围合的具有一定规模的生活聚居地，是具有一定的人口和用地规模，并集中布置居住建筑、公共建筑、绿地道路以及其他各种工程设施，为城市街道或自然分界线所围成的相对独立地区。

一般在居住区内应有比较完善的配套设施，以满足居民日常物质和精神生活的需要。这些设施包括公共交通、水气煤电、市场店铺、公共绿地、社区医院、健身休闲、文化教育等。

2. 居住区分级与控制规模

我国居住形态从初期由于缺乏经验而借鉴西方邻里单位，学习苏联街坊的布置，直到小区规划理论的出现并传入我国被广泛地采用及积极发展的今天，我国居住区按居住户数或人口规模可分为居住区、小区、组团三级。

(1) 居住区：一般称城市居住区，泛指不同居住人口规模的居住生活聚居地和特指城市干道或自然分界线所围合，并与居住人口规模相对应，配建有一整套较完善的、能满足该区居民物质与文化生活所需的公共服务设施的居住生活聚居地。

居民户数为 10000 ~ 16000 户，居民人口数量为 30000 ~ 50000 人，占地面积为 50 ~ 100hm²，服务半径为 800 ~ 1000m。

(2) 居住小区：一般称小区，指被城市道路或自然分界线所围合，并与居住人口规模相对应，配建有一套能满足该区居民基本的物质与文化生活所需的公共服务设施的居住生活聚居地。

居民户数为 3000 ~ 5000 户，居民人口数量为 10000 ~ 15000 人，占地面积为 12 ~ 35hm²，服务半径为 500m 左右。

(3) 居住组团：一般称组团，指一般被小区道路分隔，并与居住人口规模相对应，配建有居民所需的基层公共服务设施的居住生活聚居地。

居民户数为 300 ~ 1000 户，居民人口数量为 1000 ~ 3000 人，占地面积为 2 ~ 3hm²，是相对独立的居住场所。

我国地域辽阔，城市大小不一，人民生活需求水平不同，而且居住区规划的理论还在继续发展，需要不断探索多种多样的居住形态，因而不要简单化、模式化，不强求划一。

1.1.2 居住区的类型

1. 按居住区建筑层数不同分类

（1）低层居住区（1～3层）

低层居住区密度低、空间大、环境好。低层建筑一般造价比多层低；历史比较久远的低层住区以院落型为主，多分布于老城区，新建的以别墅为主，多位于郊区。

（2）多层居住区（4～6层）

我国大多数多层居住区中，住宅采用单元拼接的方式，集结为更大的体量，形成某种围合或空间秩序，我国普遍为6～7（6+1）层（跃层式）。现在很多多层住宅楼也修建电梯，采用单元拼接方式，一梯两户多见，容积率一般在1.3～2左右。

（3）中高层和高层居住区

中高层住宅（7～9层）和高层住宅（大于9层），层数变化范围较大，但有规律；中高层住宅多为9层或9+1层，100m以上超高层很少见；多分布在我国的大城市，特别是地价高昂的地段，人地关系紧张；常有板式和点式两种；中高层和高层居住区中间空间、场地的使用率远低于低层和多层居住区，尤其是对老人和儿童。

（4）层数混合型居住区

层数混合型居住区增强了对市场的适应力，又可获得较为丰富的外观形象与空间肌理，利于形成多样化的城市景观，带给人们多样化的城市体验。

2. 按居住区区位不同分类

（1）农村型居住区

大多数农村型居住区的空气质量和环境清洁度都比城市型居住区好得多，但是在发展中国家这种情况存在着恶化的趋势。就形成机制而言，渐次积累、自生、协同；就空间肌理与住屋形态而言，则表现出和谐、统一下的多样与有机；就建筑层数而言，低层为主，院落式；就建筑材料而言，与当地的自然条件高度整合。

（2）城市／城镇型居住区

城市／城镇型居住区总体数量远小于农村型居住区，但是实际的人口规模已经超过农村型居住区，且呈上升趋势；建筑密度和建筑强度常和其围绕的城市中心的等级成正比关系；土地利用强度远远高于农村型居住区；人口组成、社会结构、社区关系与文化背景等都比农村型居住区复杂很多。

（3）郊区型居住区

一部分郊区型居住区是以前的农村型居住区对城市进行相对位移的结果，

另一部分是从城市中扩张出来的，一般位于比较优越的自然环境中，对车行道系统有强烈的依赖；郊区型居住区土地利用强度一般较低，居住建筑以联排和独立别墅为主，分布自由；一般用地规模较大、功能组成较为纯粹、文化构成相对单一；城市的扩张使郊区型居住区对城市进行相对位移而成为以后的城市型居住区。

3. 按居住区地形地貌不同分类

（1）平地居住区

分布于平原、盆地、高原坝子的居住区。早期生态环境优越，用地较为宽松，促成开阔、大气、恢宏的文化心态，表现出方正、平直、严谨有度的空间结构。平地居住区的交通组织一般比较流畅便捷，用地地形的制约少，也便于规划建设；景观条件分配相当均匀，人工造景的行为较为普遍。

（2）山地居住区

山地形态多样，海拔、高差、坡度、坡向、高程、地质状况、植被、水源等都是进行山地居住区建设需要考虑的基本问题；不同的山地培育了不同的人文环境与营建方式；山地生态环境比平地更为敏感和脆弱，地质条件相对而言也更不稳定，自然景观条件分配不均匀，建筑形态千变万化，建筑强度一般较高，交通条件分配不均匀。

（3）滨水居住区

沿水域岸线修建的居住区。反映人类从生理到心理的亲水特性；滨水居住区建造都会把水系作为主要的景观方向，住宅布局会考虑到住户对水景的享受，受当地风土、植被、地形、地貌、社会文化等影响；城市的良好滨水景观被越来越多的高档楼盘所享用，忽视了滨水作为城市公共开敞空间的重要意义。

4. 按居住区经历时间历程不同分类

（1）新居住区

刚刚建成或建成时间较短的称为新居住区。一般代表了当下社会的居住观念、发展趋势。特点：我国采用小区模式，空间和使用上趋于内向化与单纯化，对于形成多元化的融合与交流是不利的；个性化、多元化趋势，如郊区化的大型居住区、绅士化居住区、多档次公寓、综合型居住区、专类化的居住区等。

（2）旧居住区

建成时间较长的称为旧居住区。不同年代、不同历史阶段的旧居住区并非代表落后的与过时的，而是文化的积淀，不同时代，格局不同，是珍贵的历史教材。

5. 按居住区经济层次不同分类

（1）高档居住区

主要分布于城市的两类地区，城市中心和城市边缘的郊区。常使用高档材料，追求较大户内面积，崇尚建筑风格上的富丽堂皇、气派尊贵。以相对灵活的空间处理手法塑造较好品质的空间。聘请专业的物管机构来进行物业管理与环境整治，内部环境豪华。

（2）中档居住区

以居住小区作为居住区的主体单元，户型在水平方向上拼合成标准层，然后垂直复制等。以前的中档居住区单纯追求户内面积，不太关心住区景观环境，现在户外环境越来越受到重视，景观环境也有了很大的提高。

（3）低档居住区

往往由相关的政府部门或一些非营利性组织出资修建，为节约成本，常追求低造价与高密度，户型面积一般偏小。

6. 按居住区社会容纳度不同分类

（1）封闭式居住区

采用不同的空间与管理方法将自身领域与外界进行一定程度的隔绝。自古封闭是一种贵族化行为，贵族的皇家禁苑象征权力、地位以及与下层保持距离；这种形式存在不利因素；封闭带来的绝对安全并不存在，健康型城市鼓励的是开放包容而非封闭敌对，这是城市发展的大方向。

（2）开放式居住区

几乎所有的居住区都有自己的领域感，只是程度不同。不同空间格局具有的领域感也不相同，旧居住区多为小区自发守护者，领域感强，新高层居住区自发性保护能力较弱，依赖物业管理；发达国家常见，我国也在尝试，如北京建外 SOHO。

7. 按居住区功能混合程度分类

（1）纯化型居住区

特点：居住与其他功能相分离，仅设关系密切的生活服务设施；小区规模大，多位于城郊，成本低，易形成特定风格；交通问题，连绵集结会产生大量的通勤交通，间接增加了城市的运营成本。

（2）混合型居住区

特点：住区的整体功能状态是混合的，优势是地缘情感易于培育，居住文化易于传承，节约城市土地、交通空间与时间成本，同时对削弱城市犯罪也很有帮助；建筑风格不易统一，城市机能相对混乱，不利于大规模的复制生产和快捷建设等，舒适性、安全性差。

8. 按居住区建设方式不同分类

（1）自建居住区

自建居住区是一种主动型居住模式；住户可以参与到设计、材料、空间格局、功能分配等环节中，体现居者思想；我国工业革命前广泛存在，整体格局、形式比较统一，反映了当时的社会主流思想，但具体细节变化丰富，表现出整体一致与局部差异的和谐共生之美；主要存在于边缘居住区（乡镇、农村）和少数富人区（国外多见）；以低层为主，外观多随主流，逐步体现个性、风格多样，建筑质量品味也在提高。

（2）他建居住区

他建居住区是当前主要的居住区建设方式，开发商采用批量建设方式，具有相似性。个性化发展，尝试多种户型、不同层高、不同风格的居住区，重视景观营造。优势：省时、省力、专业；劣势：缺乏个性，社区感不强。

9. 按居住区居住社群不同分类

（1）非专类居住区

一般考虑居住区位，涉及交通方便程度、与工作单位的距离、周边设施配套与景观环境等方面，同时，价格、居住区内部环境、户型设计、施工质量、开发商的品牌信誉等也成为其他主要方面被加以衡量。

（2）专类居住区

种类丰富，特色至上，多元化。如北京 798 社区、北京建外 SOHO。

1.1.3 居住区用地组成

居住区用地一般是指住宅用地、公共服务设施用地、道路用地和公共绿地等四项用地的总称。

1. 住宅用地

住宅建筑基底占地及其四周合理间距内的用地（含宅间绿地和宅间小路等）的总称。

2. 公共服务设施用地

一般指居住区各类公共用地，是与居住人口规模相对应配建的、为居民服务和使用的各类设施的用地，应包括建筑基底占地及其所属场院、绿地和配建停车场等。

3. 道路用地

道路用地指居住区道路、小区路、组团路及非公建配建的居民小汽车、单位通勤车等停放场地。居住区各级道路宽度见表1—1。

居住区各级道路宽度 表1—1

道路名称	道路宽度
居住区（级）道路	红线宽度一般为 20 ～ 30m
小区（级）道路	路面宽 7 ～ 9m，建筑控制线之间的宽度，需敷设供热管线的不宜小于14m，无供热管线的不宜小于10m
组团（级）道路	路面宽 5 ～ 7m，建筑控制线之内的宽度，采暖区不宜小于10m，非采暖区不宜小于8m
宅间小路	路面宽度不宜小于2.6m
园路（甬路）	不宜小于1.2m

4. 公共绿地

居住区公共绿地指满足规定的日照要求、适合于安排游憩活动设施的、供居民共享的集中绿地，包括居住区公园、小游园和组团绿地及儿童游戏场和其他块状、带状绿地等。居住区根据居住区不同的规划组织结构类型，设置相应的中心公共绿地，并应符合表1-2规定。

公共绿地指标应根据居住人口规模分别达到：组团级不少于0.5m²/人；小区级（含组团）不少于1m²/人；居住区级（含小区或组团）不少于1.5m²/人。绿地率：新区建设应不小于30%；旧区改造宜不小于25%；种植成活率不小于98%。

居住区各级中心公共绿地设置规定 表1-2

中心绿地名称	设置内容	规划要求	最小规格（m²）
居住区公园	花木草坪，花坛水面，凉亭雕塑，小卖茶座，老幼设施，停车场和铺装地面等	园内布局应有明确的功能划分	10000
小游园	花木草坪，花坛水面，雕塑，儿童设施和铺装地面等	园内布局应有一定的功能划分	4000
组团绿地	花木草坪，桌椅，简易儿童设施等	可灵活布置	400

注：①居住区公共绿地至少有一边与相应级别的道路相邻。
②应满足有不少于1/3的绿地面积在标准日照阴影范围之外。
③块状、带状公共绿地同时应满足宽度不小于8m，面积不少于400m²的要求。
④参见《城市居住区规划设计规范》(2016年版) GB 50180—1993。

1.2 居住区的规划组织结构与布局

1.2.1 居住区的规划组织结构

居住区规划结构，是根据居住区的功能要求综合地解决住宅与公共服务设施、道路、公共绿地等相互关系而采取的组织形式。依据居住区规划结构的基本类型，居住区结构一般有三种形式。

1. 二级结构

（1）由居住区—居住小区组成，以居住小区为规划基本单位组织的居住区，不仅能保证居民生活的方便、安全和区内的安静，而且还有利于城市道路的分工和交通的组织，并减少城市道路密度。

（2）由居住区—居住组团组成，以居住组团为规划基本单元组织的居住区。这种组织方式不划分明确的小区用地范围，居住区直接由若干住宅组团组成。住宅组团内一般应设有居民小组办公室、卫生站、青少年和老年活动室、服务站、小商店、托儿所、儿童或成年人活动休息场地、小块公共绿地、停车场库等，这些项目和内容基本为本组团居民服务。

2. 三级结构

由居住区—居住小区—居住组团组成。以住宅组团和居住小区为基本单位来组织居住区，即居住区由若干个组团形成的若干个小区组成。

居住组团是指一般被小区道路分隔，并与居住人口规模相对应，配建有居民所需的基层公共服务设施的居住生活聚居地。这种组织方式一般不划分明确的小区用地范围，居住区直接由若干住宅组团组成，也可以说是一种扩大的小区形式。

3. 独立组团结构

独立组团结构由单独的组团构成。目前常见的模式，如"中心式"的规划结构形态，由小区道路将用地均衡划分成多个组团或住宅院落，组团（或院落）规模均匀，共同围合成一个公共绿地或中心水景。同时，也有通过景观轴线将居住区入口、景观设施、绿地、景观构筑物等组织起来；也有根据地形地貌，沿居住区主要道路设置大小不同的数个节点，作为对景、绿地和建筑小品群空间，从而创造出地域性强的空间形态和优美的居住环境。

当然，居住区的规划结构形式不是一成不变的，随着经济社会的发展、人民生活水平的提高、生活组织和生活方式的变化、公共服务设施的不断完善和发展，居住区的规划结构方式也会相应地变化。常见的是居住区规模从小到大，内容由简到繁，质量由低级到高级。

1.2.2 居住区规划布局的形式

从城市空间的角度讲，居住区是城市空间的重要层次与节点，上通城市下达小区、组团直到住宅内外空间，各空间层次有不同尺度和形态。根据居住区规划布局的实态可概括以下主要形式：

1. 片块式布局

住宅建筑在尺度、形体、朝向等方面具有较多相同的因素，并以日照间距为主要依据，建立起紧密联系的群体，它们不强调主次等级，成片成块、成组成团地布置，形成片块式布局形式。一些居住区常采取与体制结构的行政区划相一致的布局形式，按体制规模划分地块，各地块配以相应的公共设施，并遵循日照间距布置建筑，因而自然地形成片块式布局形式，如山东某现代化居住社区（图1-1），规整地将基地划分了九个片块，九个片块又配置一个共同

的居住区中心，形成"居住区—居住小区"二级结构的片块式布局。整体性强，空间界面清晰。体现环保、生态与节能，展现21世纪城市形象的现代化居住社区。

2. 轴线式布局

空间轴线常为线性的道路、绿带、水体等构成，但不论轴线的虚实，都具有强烈的聚集性和导向性。一定的空间要素沿轴布置，或对称或均衡，形成具有节奏的空间序列，起着支配全局的

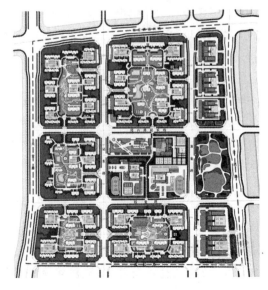

图1-1
片块式布局的居住区

作用。如图1-2、图1-3所示的居住小区，以一步行景观道为中心构成轴线布局形式，具有显明的欧陆风格，由于中央轴线两侧建筑空间的节奏烘托，使得小区形成庄重华贵的空间品质。

图1-2（左）
轴线式布局的居住小区平面图
图1-3（右）
小区中轴线核心景观区透视图

　　3. 向心式布局

　　将一定空间要素围绕占主导地位的要素组合排列，表现出强烈的向心性，易于形成中心。这种布局形式山地用得较多，顺应自然地形布置的环状路网造就了向心的空间布局。如重庆××高档住区（图1-4、图1-5），地处山地，建筑依山就势筑台布置，顺等高线方向布置环状路网，形成向心空间，具有良好的日照通风条件和开阔的视野。

　　4. 围合式布局

　　住宅沿基地外围周边布置，形成一定数量的次要空间并共同围绕一个主导空间。构成后的空间无方向性，主入口按环境条件可设于任一方位，中央主导空间一般尺度较大，统率次要空间，也可以其形态的特异突出其主导地位。围合式布局可有宽敞的绿地和舒展的空间，日照、通风和视觉环境相对较好，但要注意控制适当的建筑层数。如佛山某花园小区（图1-6），采用新都市主义的规划手法，注重邻里关系，通过规划的手法创造和谐社区。住宅随地形自

图1-4（左）
重庆××高档住区平面
图1-5（右）
重庆××高档住区局部效果

然围合，宅旁绿地小空间和中央集中绿地组成一个整体，环境宜人，道路和空间富有变化。为住户提供户内外的活动和交往场所。

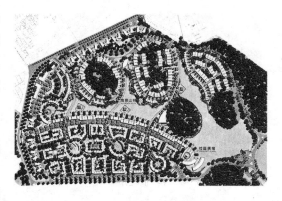

图1-6
围合式布局的花园小区
总平面示意

5. 集约式布局

将住宅和公共配套设施集中紧凑布置，并开发地下空间，依靠科技进步，使地上地下空间垂直贯通，室内室外空间渗透延伸形成居住生活功能完善、水平—垂直空间流通的集约式整体空间。这种布局形式节地节能，在有限的空间里可很好满足现代城市居民的各种要求，对一些旧城改建和用地紧缺的地区尤为适用。如重庆某自然生态高档居住区规划设计（图1-7、图1-8），景观设计与建筑规划融为一体，从而与建筑既有的材质形成呼应，亦有视觉与本质的差异度，居者的生活方式与形态随之起伏跌宕，由此形成居住区的独特风格。

6. 隐喻式布局

将某种事物作为原型，经过概括、提炼、抽象成建筑与环境的形态语言，使人产生视觉和心理上的某种联想与领悟，从而增强环境的感染力，构成了"意在象外"的境界升华。如广东某小区（图1-9、图1-10），规划中的城市道路把用地分成不均衡的两个区域，为使得社区的整体性不被破坏，同时迎合城市规划的初衷，独具匠心地设计了一个覆盖于规划道路上空的绿化景观平台，以

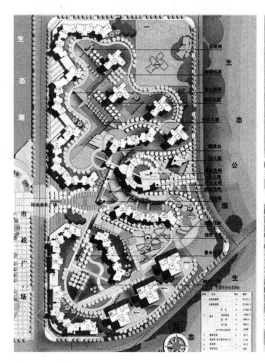

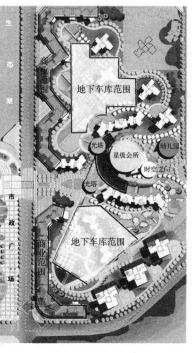

图1-7（左）
某自然生态高档居住区总平面示意
图1-8（右）
某自然生态高档居住区功能分析示意

长廊作为贯通，有机地把两个部分联系起来，形成整个社区的浪漫公共空间。社区是城市的细胞，组团是社区的细胞。以细胞为母体，演绎生命的根本，诠释生活的品位和意义，创造了优雅的居住环境。丰富的景观、舒展的空间，给人们带来了美好联想和憧憬。

7. 综合式布局

各种基本布局形式，在实际操作中常常以一种形式为主兼容多种形式而形成组合式或自由式布局。如佛山某花园小区（图1-11），各组团和邻里院落格局规整，不同的院落环境布置形式多样具有较强的识别性。

图1-9
以细胞为母体的居住区规划总平面示意

图1-10
以细胞为母体的居住区景观分析示意

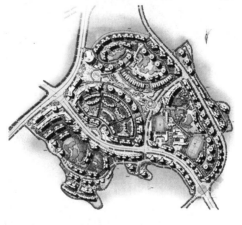

图1-11
花园小区规划总平面

1.2.3 居住区建筑的布置形式

居住区建筑的布置形式，与地理位置、地形、地貌、日照、通风及周围的环境等条件都有着紧密的联系，建筑的布置也多是因地制宜地进行布设，而使居住区的总体面貌呈现出多种风格，一般来说，主要有下列几种基本形式。

1. 行列式布置

它是根据一定的朝向、合理的间距，成行成列地布置建筑，它是居住区建筑布置中最常用的一种形式。最大优点是使绝大多数居室获得最好的日照和通风，但是由于过于强调南北向布置，整个布局显得单调呆板。所以也常用拼接成组、条点结合、高低错落等方式，在统一中求得变化而使其不至过于单调。图1-12为天津××示范镇建设项目，小区建筑呈行列式布局，实现了土地价值的最大化。

2. 周边式布置

建筑沿着道路或院落周边布置的形式（图1-13）。这种布置有利于节约用地，提高居住建筑面积密度，形成完整的院落，也有利于公共绿地的布置，且可形成良好的街道景观，但是这种布置易导致居室朝向差或通风不良。

3. 混合式布置

以上两种形式相结合，常以行列式布置为主，以公共建筑及少量的居住

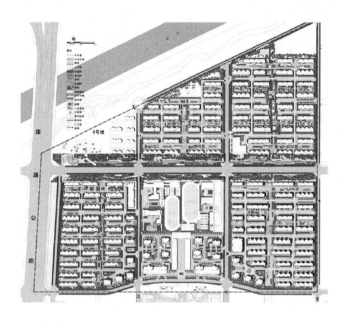

图 1—12
天津××示范镇规划图

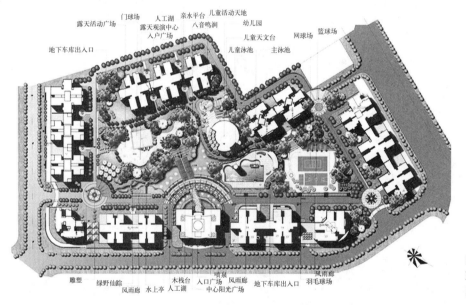

图 1—13
建筑周边式布置的花园小区总平面示意

建筑沿道路、院落布置为辅,发挥行列式和周边式布置各自的长处。如图 1—14 所示的小区建筑布置形式。

4. 自由式布置

这种布置常结合地形或受地形地貌的限制而充分考虑日照、通风等条件,居住建筑自由灵活地布置,绿地景观更是灵活多样。如云南某别墅区的规划(图 1—15),整体项目以山、水、林为区隔,做到了围而不合,动静分离、组团分布、点线明晰,建筑自由分布,疏密有致。

5. 庭园式布置

这种布置形式主要用于低、高层建筑,形成庭园的布置,用户均有院落,

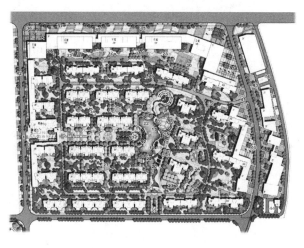

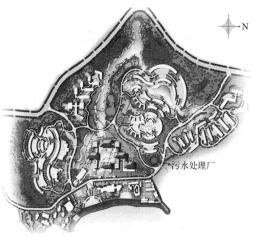

有利于保护住户的私密性、安全性，有较好的绿化条件，生态环境更为优越。图1-16、图1-17为建筑呈庭院式布置的高档别墅区，整个居住区景观设计充分考虑到人们的居住需求，居住区景观展现出一种良好的风景模式，植物、道路和舒适的楼间景观，给居住者带来良好的心理感受。利用用地的自然景观，尊重自然地形和现有景观，创造品质优良、舒适、宜人的社区环境。

6. 散点式布置

随着高层住宅群的形成，居住建筑常围绕公共绿地、公共设施、水体等散点布置，它能更好地解决人口稠密、用地紧张的矛盾，且可提供更大面积的绿化用地（图1-18）。

图1-14（左）
建筑混合式布置示意
图1-15（右）
云南某别墅区的规划总平面示意

图1-16（左上）
别墅区鸟瞰
图1-17（左下）
别墅区效果
图1-18（右）
高层建筑散点式布置示意

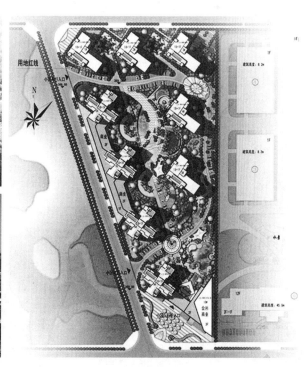

1.3 居住区景观元素的构成

1.3.1 居住区环境景观综合营造

1.总体环境

环境景观规划必须符合城市总体规划、控制性详细规划及详细规划的要求，要从场地的基本条件、地形地貌、土质水文、气候条件、动植物生长状况和市政配套设施等方面分析设计的可行性和经济性。依据住区的规模和建筑形态，从平面和空间两个方面入手，通过合理的用地配置，适宜的景观层次安排，必备的设施配套，达到公共空间与私密空间的优化，达到住区整体意境及风格塑造的和谐。

通过借景、组景、分景、添景多种手法，使住区内外环境协调。滨临城市河道的住区宜充分利用自然水资源，设置亲水景观；临近公园或其他类型景观资源的住区，应有意识地留设景观视线通廊，促成内外景观的交融；毗邻历史古迹保护区的住区应尊重历史景观，让珍贵的历史文脉融于当今的景观设计元素中，使其具有鲜明的个性，并为保护区的开发建设创造更高的经济价值。

不同居住区环境景观结构布局见表1-3。

不同居住区环境景观结构布局　　　　　　　　表1-3

住区分类	景观空间密度	景观布局	地形及竖向处理
中高层和高层住区	高	采用立体景观和集中景观布局形式，高层住区的景观总体布局可适当图案化。既要满足近处观赏要求，又要满足向下俯瞰时的景观艺术效果	通过多层次的地形塑造提高绿地率
多层住区	中	采用相对集中、多层次的景观布局形式，保证集中景观空间合理的服务半径，尽可能满足不同居民群体的景观要求，具体布局手法根据住区规模及现状条件灵活多样，不拘一格，营造出有自身特色的景观空间	因地制宜，结合住区规模及地形条件适度处理地形
低层住区	低	采用较分散的景观布局，使住区景观尽可能接近每户居民，景观的散点布局可结合庭院塑造尺度宜人的半围合景观	地形塑造规模不宜过大
综合住区	不确定	根据居住区总体规划及建筑形式选用合理的布局形式	适度处理地形

2.光环境

居住区休闲空间应争取良好的采光环境，有助于居民的户外活动，在气候炎热地区，需考虑足够的荫庇构筑物，以方便居民交往活动。居住区着重强调满足日照要求，室内要尽量采用自然光，还应注意防止光污染。

在满足基本照度要求的前提下，居住区室外灯光设计应营造舒适、温和、安静、优雅的生活气氛，不宜盲目强调灯光亮度；光线充足的居住区宜利用日光产生的光影变化来形成外部空间的独特景观。在室外公共场地采用节能灯具，提倡由新能源提供的绿色照明。

3. 通风环境

居住区住宅建筑的排列应有利于自然通风，不宜形成过于封闭的围合空间，做到疏密有致，通透开敞。为调节居住区内部通风排浊效果，应尽可能扩大绿化种植面积，适当增加水面面积，有利于调节通风量的强弱。户外活动场的设置应根据当地不同季节的主导风向，有意识地通过建筑、植物、景观设计来疏导自然气流。居住区内的大气环境质量宜达到二级标准。

4. 声环境

包括室外、室内和对小区以外噪声的阻隔措施。城市居住区的白天噪声允许值宜不大于55dB，夜间噪声允许值宜不大于45dB。靠近噪声污染源的居住区应通过设置隔声墙、人工筑坡、植物种植、水景造型、建筑屏障等进行防噪。居住区环境设计中宜考虑用优美轻快的背景音乐来增强居住生活的情趣。

5. 温、湿度环境

温度环境：环境景观配置对居住区温度会产生较大影响。北方地区冬季要从保暖的角度考虑硬质景观设计；南方地区夏季要从降温的角度考虑软质景观设计。湿度环境：通过景观水量调节和植物呼吸作用，使居住区的相对湿度保持在30%～60%。

6. 嗅觉环境

居住区内部应引进芳香类植物，排斥散发异味、臭味和引起过敏、感冒的植物。必须避免废异物对环境造成的不良影响，应在居住区内设置垃圾收集装置，推广垃圾无毒处理方式，防止垃圾及卫生设备气味的排放。

7. 视觉环境

以视觉控制环境景观是一个重要而有效的设计方法，如通过对景、衬景、框景等方法设置景观视廊会产生特殊的视觉效果，由此提升环境的景观价值。

要综合研究视觉景观的多种元素组合，达到色彩宜人、质感亲切、比例恰当、尺度适宜、韵律优美的动态观赏和静态观赏效果。

8. 人文环境

应重视保护当地的文物古迹，并对保留建筑物妥善修缮，发挥其文化价值和景观价值。要重视对古树名树的保护，提倡就地保护，避免异地移植，也不提倡从居住区外大量移入名贵树种，造成树木存活率降低。保持地域原有的人文环境特征，发扬优秀的民间习俗，从中提炼有代表性的设计元素，创造出新的景观场景，引导新的居住模式。

9. 建筑环境

建筑设计应考虑建筑空间组合、建筑造型等与整体景观环境的整合，并通过建筑自身形体的高低组合变化和与居住区内、外山水环境的结合，塑造具有个性特征、可识别性强的居住区整体景观。

1.3.2 城市居住区环境景观设计元素

目前，居住区、别墅群以及城市广场的建设越来越多。这些场合的园林景观设计也越来越受到人们的重视。比如，如何为城市居民提供一个优美的室外休闲环境，如何使密集的建筑群和周围城市环境、环境和居住区建筑之间统一和谐，使整个城市成为一个完美的统一体。

居住区景观的使用几乎渗透到居住区环境的各个角落，在景观设计中如何对这些设计元素进行综合取舍、合理配置是景观设计的要点。

1. 绿化

绿化是环境景观的基本构成元素，现代居住区的园艺绿化呈现多种趋势。

（1）种植绿化乔、灌、花、草结合。马尼拉、火凤凰等草类地被植物塑造了绿茵盎然的植物背景，点缀具有观赏性的高大乔木如香樟、玉兰、棕榈、银杏等，以及丛栽的球状灌木和颜色鲜艳的花卉，高低错落、远近分明、疏密有致，绿化景观层次丰富。

（2）种植绿化平面与立体结合。居住区绿化已从水平方向转向水平和垂直相结合，根据绿化位置不同，垂直绿化可分为围墙绿化、阳台绿化、屋顶绿化、悬挂绿化、攀爬绿化等。

（3）种植绿化实用性与艺术性结合。追求构图、颜色、对比、质感，形成绿点、绿带、绿廊、绿坡、绿面、绿窗等绿色景观，同时讲究和硬质景观的结合，也注意绿化的维护和保养。所有这些都极大地丰富了居住区绿化的内涵（图1-19）。

2. 道路

道路是居住区的构成框架，一方面它起到了疏导居住区交通、组织居住区空间的作用；另一方面，好的道路设计本身也构成居住区的一道亮丽风景线。居住区道路，尤其是宅间路，往往和路牙、路边的块石、休闲座椅、植物配置、灯具等，共同构成居住区最基本的景观线。因此，在进行居住区道路设计时，有必要对道路的平曲线、竖曲线、宽窄和分幅、铺装材质、绿化装饰等进行综合考虑，以赋予道路美的形式。如居住区内干路可能较为顺直，由混凝土、沥青等耐压材料铺装；而宅间路则富于变化，由石板、装饰混凝土、卵石等自然和类自然材料铺装而成（图1-20）。

图1-19（左）
庭院绿化配置
图1-20（右）
居住区内的宅间道路

3. 水体

居住区中有水，不仅增加景园之美，而且使景色更加生动。静有安详，动有灵性。静态的水体一般指自然式水体（图1—21），以表现水面平静如镜或烟波浩渺的寂静深远的境界取胜，人们可观赏韵致无穷的倒影。动态的水体一般是指人工景观中的喷泉、瀑布、溪流等。自然状态下的水体和人工状态下的水体，其侧面、底面也是不一样的。自然状态下的水体，如自然界的湖泊、池塘、溪流等，其边坡、底面均是天然形成；人工状态下的水体，利用地势或土建结构，仿照天然水景建造而成，如溪流、瀑布、人工湖、养鱼池、泉涌、跌水等。根据水景的功能还可以将其分为观赏类水景和嬉水类水景。

4. 铺地

在居住区中，铺地是人们通过和逗留的场所。在规划设计中，通过它的地坪高差、材质、颜色、肌理、图案的变化创造出富有魅力的路面和场地景观。优秀的硬地铺装往往别具匠心，极富装饰美感（图1—22）。如某小区中的装饰混凝土广场中嵌入孩童脚印，具有强烈的方向感和趣味性。现代园林中源于日本的"枯山水"手法，用石英砂、鹅卵石、块石等营造类似溪水的形象，颇具写意韵味，是一种较新的铺装手法。

5. 小品

小品在居住区硬质景观中具有举足轻重的作用，精心设计的小品往往成为人们视觉的焦点和小区的标识。

（1）雕塑小品。雕塑小品又可分为抽象雕塑和具象雕塑，根据使用材料的不同有石雕、钢雕、铜雕、木雕、玻璃钢雕。雕塑设计要同基地环境和居住区风格主题相协调，优秀的雕塑小品往往起到画龙点睛、活跃空间气氛的功效。同样值得一提的是，现在广为使用的"情景雕塑"，表现的是人们日常生活中动人的一瞬，耐人寻味。图1—23为情景雕塑"磨豆腐"，不仅反映了地方民俗，还富有情趣，发挥了良好的景观作用。

（2）园艺小品。园艺小品是构成绿化景观不可或缺的组成部分。苏州古典园林中，芭蕉、太湖石、花窗、石桌椅、楹联、曲径小桥等，是古典园艺

图1—21（左）
居住区环境水景设计
图1—22（右）
富有装饰美感的铺地

的构成元素。当今的居住区园艺绿化中，园艺小品则更趋向多样化，一堵景墙、一座小亭、一片旱池、一处花架、一堆块石、一个花盆、一张充满现代韵味的座椅，都可成为现代园艺中绝妙的配景，其中有的是供观赏的装饰品，有的则是供休闲使用的户外家具（图1-24）。

图1-23
情景雕塑——磨豆腐

（3）设施小品。在居住区中有许多方便人们使用的公共设施，如路灯、指示牌、信报箱、垃圾桶、公告栏、单元牌、电话亭、自行车棚等。比如居住区灯具就有路灯、广场灯、草坪灯、门灯、泛射灯、建筑轮廓灯、广告霓虹灯等，仅路灯又有主干道灯和庭院灯之分。这些灯具的造型日趋美观精致而成为居住区精美的点缀品（图1-25）。上述小品若经过精心设计也能成为居住区环境中的闪光点,体现出"于细微处见精神"的设计理念。

图1-24
观赏性户外家具

图1-25
美观、个性的照明灯具

1.4 居住区景观设计风格与发展趋势

1.4.1 居住区景观设计风格

伴随国内房地产业的迅速发展，景观行业进入了前所未有的快速发展期，开始越来越被人们认可，并已成为决定楼盘品质的最重要因素。居住区的景观风格定位，取决于该区域建筑的风格，若要把景观设计做好，设计师应对建筑风格有一定的理解。景观设计风格随着人们不断提升的审美要求，呈现出多元化的发展趋势，它随着人们生活方式的改变而变化，景观设计要考虑景观环境的可持续性、经济性、实用性及合理性。设计尊重自然，因地制宜充分利用大自然原本的环境和原有的特色，把设计风格真正融入实际景观中，达到设计与当地风土人情、文化氛围相融合，打造经济、实用、合理的景观环境。就目前房地产市场上流行的建筑风格来分析，常见的景观设计风格大体有以下几类。

1. 欧式风格

传统欧式风格是对欧洲各国的不同风格的一种总称，涵盖面较广，主要有英伦风格、西班牙风格等。

(1) 传统欧式风格（图1-26）

风格特征：基本传承传统欧式建筑中的皇家贵族气派，以厚重、圆润、贵气为主要特点，具有北部欧洲凝炼庄重的厚实感，色调深沉，气势宏大，植被浓密丰富，适用于以打造欧式风情为主的大面积项目。

景观元素：廊柱、复杂的雕刻、整形绿篱、雕塑、花坛、喷泉水景、欧式单体建筑。

(2) 现代欧式风格（也称简欧风格）

风格特征：一种既要追求欧式风格中的贵族气质，又要享受现代化生活的风格，在面对高收入中青年人群的房地产楼盘中使用最多。其特点是继续保留传统欧式风格中厚重、贵气的特点，同时又把那些繁复的线条适当简化，融入一些现代简约美的气息（图1-27），设计特点是保留为主、创新为辅，目的是为了适应更多年轻人群的欣赏品味。

图1-26
传统欧式风格居住区景观

景观元素：基本去掉最能体现皇家气派的传统人物雕塑，取代他们的是一些线条简洁、造型唯美的现代雕塑，特别厚重的花瓶栏杆也基本会用铁艺栏杆或者图案更简单的木栏杆代替。

2. 现代风格

(1) 现代简约风格（图1-28）

风格特征：在现代主义的基础上简约化处理，更突出现代主义中少就是多的理论，也称极简主义、几何式的直线条构成，以硬质景观为主，多用树阵点缀其中，形成人流活动空间，突出交接节点的局部处理，色彩对比强烈，以突出新鲜和时尚的超前感。对施工工艺要求高，材料一般都是经过精心选择的高品质材料，适用

图1-27
现代欧式风格居住区景观

图1-28
现代简约风格居住区景观

于市政广场、滨河带、商业广场及以青年人为主的现代公寓住宅项目。

景观元素：以简单的点、线、面为基本构图元素，以抽象雕塑品、艺术花盆、石块、鹅卵石、木板、竹子、不锈钢为一般的造景元素，取材上不拘一格。

（2）现代自然风格（图1—29）

风格特征：现代主义的硬景塑造形式与景观的自然化处理相结合，线条流畅，注重微地形空间和成型软景配合，材料上多运用自然石材、木头等，适用于无大面积地库顶板地形条件的项目。

景观元素：通过现代的手法组织景观元素，运用硬质景观（如铺装、构筑物、雕塑小品等）结合故事情景，营造视觉焦点，运用自然的草坡、绿化，结合丰富的空间组织，凸显现代园林与自然生态的完美结合。

3. 中式风格

（1）传统中式风格（图1—30）

风格特征：典型的中式园林风格特征，设计手法往往是在北京皇家园林、传统苏州园林或岭南园林设计的基础上，因地制宜进行取舍融合，呈现出一种曲折转合中亭台廊榭的巧妙映衬、溪山环绕中山石林荫的趣味渲染的中式园林效果，适用于建筑中式风格定位明显的项目。

景观元素：粉墙黛瓦、亭台楼阁、假山、流水、曲径、梅兰竹菊等。

（2）现代中式风格（图1—31）

现代中式景观规划设计是传统中国文化与现代时尚元素在时间长河里的邂逅，以内敛沉稳的传统文化为出发点，融入现代设计语言，为现代空间注入中国古典情韵。它不是纯粹的元素堆砌，而是通过对传统文化的认识，将现代元素和传统元素结合在一起，以现代人的审美需求来打造富有传统韵味的景观，让传统艺术在当今社会得到合适的体现，让使用者感受到浩瀚无垠的传统文化。

图1—29
现代自然风格居住区景观

图1—30
传统中式风格

图1—31
现代中式风格居住区景观

风格特征：在现代风格建筑规划的基础上，将传统的造景理水用现代手法重新演绎，这种风格既保留了传统文化又体现了时代特色，常常使用传统的造园手法，运用中国传统韵味的色彩、中国传统的图案符号、植物空间的营造等来打造具有中国韵味的现代景观空间。适用于建筑中式风格定位趋向或现代风格定位明显的项目。

景观元素：建筑和墙体的颜色为黑白灰淡色系、中国古典园林和现代园林要素相结合。

4. 法式风格（图1—32）

风格特征：布局上突出轴线的对称，恢宏的气势，豪华舒适的居住空间；贵族风格，高贵典雅；细节处理上运用了法式廊柱、雕花、线条，制作工艺精细考究；点缀在自然中，崇尚冲突之美。

景观元素：整形的植物、法式廊柱、雕饰精美的花器、园林家具及雕塑。布局上突出轴线的对称，恢宏的气势。

5. 地中海风格（图1—33）

风格特征：地中海风格的基础是明亮、大胆、色彩丰富、简单、民族性。重现地中海风格不需要太复杂的技巧，而是保持简单的意念，捕捉光线、取材大自然，大胆而自由地运用色彩、样式。具有南部欧洲滨海风情，与北欧风格相比显得更精致秀气，色调明快，点状水景多，小品雕塑丰富，宏大精致兼具自然随意，适用于打造欧式风情的大中型、中高档项目。

景观元素：开放式的草地，精修的乔灌木，地上、墙上、木栏上处处可见的花草藤木组成的立体绿化，手工漆刷白灰泥墙，海蓝色屋瓦与门窗，连续拱廊与拱门以及陶砖等建材。颜色明亮、大胆，丰厚而简单。

6. 东南亚风格

东南亚风格其实并非一种独立发展而来的风格，在它的文化底蕴里有中国的建筑元素，也有欧洲大陆的一些符号。因为东南亚一直受中国古代文化的影响，因此中国的建筑元素难免深入其中，而近代东南亚国家又普遍遭到欧洲国家的侵略，成为其殖民地，因此在长期的殖民地历史中，殖民国家的文化符号也渐渐进入这些国家的文化，成为其中的一部分。逐渐发展到今天，东南亚

图1—32（左）
法式风格居住区环境
图1—33（右）
地中海风格的庭院

风格就以其东西方文化兼容形成了自己的特色。

风格特征：最大的特点是对自然风情的最大程度的还原，其园林风格往往表现得自然而又色彩斑斓，给人随性、热情而奔放的感觉。环境品质高，空间富于变化，植被茂密丰富，水景穿插其中，小品精致生动，廊亭较多且体量较大，具有显著特征，适用于营造精品、中等以下面积的项目。东南亚风格典型的代表有：

（1）巴厘岛风情

浪漫休闲的景观设计，秘密之一就在于建筑与景观的完美结合。独具特色的水景，亲切宜人的庭院景观，回归自然的丛林景观。宜兴的远东香邑居住区，立足于对本区域大环境的理解与剖析，利用当地优越的自然条件，打造现代巴厘岛风景园林。悠闲浪漫，错落有致，每一个细节都将巴厘岛的生活气息融入居住区环境中，创造了自然的生活空间与健康安静的乐园（图1—34）。

（2）泰式景观

独特的建筑风格——多层屋顶、高耸的塔尖，用木雕、金箔、瓷器、彩色玻璃、珍珠等镶嵌装饰。宗教题材的雕塑、植物题材的花器、泰式凉亭、茂盛的热带植物。泰式风格既有南方的清秀、典雅，又有北方的雄浑、简朴。既有北方民居喜欢私密的格局，又有江南宅第活泼的艺术风格，豪华的皇家园林风格，瑞象金壁与水榭曲廊相谐成趣，古木奇石同亭台楼阁常入皆景。如泉州的世联华府居住区，位于中轴大道的中庭园林，花巨资从东南亚引进银海枣、秋枫、桂树等植物，打造奢华妩媚的泰式皇家园林主题长廊，中庭的喷泉水景将吧台、跌水渗透入小区并使功能与景观协调统一，在此基础上营造生态园林，再现东南亚风韵，在这里人与自然和谐共生，乐在其中（图1—35）。

景观元素：水中树池、雕塑喷泉、园林式游泳池、镂空景墙、陶罐、多层屋顶、高耸的塔尖，木雕、金箔、瓷器、彩色玻璃等。

7. 美式风格

风格特征：建立在欧洲大陆景观风格的基础上，具有古典情怀。布局开敞，简洁明快，现代而且自然，沿袭了英式自然园林的风格，展现了乡村的自然景

图1—34
远东香邑居住区巴厘岛风情景观

色，让人与自然互动起来，同时讲究线条、空间、视线的多变，符号感极强。

景观元素：景观天桥、空中廊道、乡村风格、屋顶花园、草坪、鲜花、雪松、水杉、梧桐、柳树以及一些花灌木。

绍兴金昌香湖岛项目，在建筑风格上对欧洲新古典建筑进行现代改良，首次在绍兴引入美式建筑风格。以海纳百川的态度吸收母题建筑精华，以海量的建筑细节成就经典之上的经典。金昌香湖岛，基于自身犹如巨轮的地形特征，以世界最豪华游轮——海洋绿洲号为景观设计母题，打造了美式风格的样板区（图1—36）。

图1—35（左）
泉州世联华府居住区泰式景观
图1—36（右）
绍兴金昌香湖岛美式风格景观

1.4.2 居住区环境景观设计的发展趋势

居住区景观的设计包括对基地自然状况的研究和利用，对空间关系的处理和发挥，与居住区整体风格的融合和协调等。在进行景观设计时，应注意整体性、实用性、艺术性、趣味性的结合。

居住区环境景观设计提升了居住内涵和品质，正越来越受到人们的关注。随着时代的发展，人们的居住观也发生着变化，从只重视房间面积及装修程度，到关注居住的文化内涵和整个居住区环境氛围的舒适度。人们居住观的转变，引领居住区环境景观设计走向新的方向。

1. 强调景观地域性特色

地域性景观设计是根据中国国情的现状所提出的现代景观设计的新观念，地域性景观设计决定了景观设计特色塑造的长期性和连续性，景观设计应是在守特色的基础上求发展。地域性景观设计不仅体现着自然和区域的特征，而且还是人类历史和文化的沉积与延续，其形体环境反映了过去的历史、经济、社会、文化、艺术、军事及交通等各种活动，表现了设计功能和时代价值观的变化。地域性景观设计要让历史文化资源从被遗弃的角落重新登上现代设计的舞台，与现代环境和建筑共同构建亮丽的风景，并发挥出文化与经济的效益。

为营造居住区环境的文化氛围，在具体规划设计中，主要体现在以下几方面：

（1）设计结合自然，尊重地方历史文脉与生态环境，风格日趋多样化；

（2）注重居住区所在地域自然环境及地方建筑景观的特征，充分挖掘、提炼和发扬居住区地域的历史文化传统，研究其风俗习惯，在设计中用抽象、形象、寓意、象征的手法再现历史文化，营造景观场所精神，增强居民对场所的认同感；

（3）植物与建材是构成居住区景观的主要元素，大量应用当地原材料，协调地方色彩与质感，减少管理维护与运输成本，增强居民对环境的亲切感；

（4）注意居住区环境文化构成的丰富性、延续性与多元性，使居住区环境具有高层次的文化品位与特色。

2. 居住区景观的生态化设计趋势

随着人们生活水平的不断提高，人们对居住区的健康性、舒适性、生态和可持续性认可度越来越高。生态居住区的建设顺应了 21 世纪全球经济自然社会可持续发展的战略态势，与我国全民生态意识逐渐提高的现状相一致，因此，生态居住区将成为我国居住区发展的主流方向。

随着全球生态观念的普及和发展，回归自然成为现代居住区发展的基本趋势，居住区景观开始寻求设计的实用性、休闲性和绿色性，更多地转向生态化发展。

生态设计即将生态学运用到设计中，设计结合自然。设计结合自然的思想包括两个方面的含义：一是保护环境、维护生态平衡的理念，即人对环境的干扰和影响不能超出环境容许的范围；二是人地共生的思想，即人与环境不仅要共生，而且要共荣，人与自然必须共同发展与建设。

城市生态居住区更应该体现一种全新的环境意识，增强人们对生态环境的责任感，通过调整人居环境生态系统内的生态因子和生态关系使城市生态居住区成为具有自然生态和人工生态、自然环境和人工环境和谐相处、高度统一的可持续发展的理想人居环境。因此，对于居住区景观生态环境而言，共生与再生原则就要求我们特别注意和自然环境的结合与协作；善于因地制宜，因势利导，高效地利用地质因素和自然资源；减少人工层次而注意自然环境设计。

3. 环境景观的人性化设计趋势

人性化是指居住区景观设计摒弃追求外在形式，坚持以人为本的设计手法，在设计中满足人们的生理、心理等需求，创造休闲舒适、交流互动的景观环境。

在房地产刚起步的时候，居住区的景观设计，基本只停留在对绿化率和构图形式的控制上，缺乏对居民行为活动规律和心理需求等方面的细致研究。居住区景观设计不够深入，停留在表面的形式美学上，只重视空间的形式和规模，没有给人们提供充足的闲暇时所需求的交往、展示、娱乐、体育、文化等设施和活动场地，轻视景观品质，没有把"人"的需求放在第一位，设计缺少人情味。现代居住区景观则以创建互动性、交流性强的景观环境为目标，越来越重视"以人为本"的设计原则，主要有以下四方面的体现：

（1）秉承"以人为本"的设计原则，注重细节设计，如老人、儿童的活动场地以及无障碍通道等，坚持低能高效的设计标准，注重实用性与可参与性；

（2）借鉴传统园林的造园手法，景观设计以人的尺度为标准，合理布置活动场所和组织景观路线，营造亲切宜人的生活环境；

（3）提供类型丰富的户外活动场地，动态娱乐与静态休憩相结合，满足不同年龄、不同兴趣爱好的居民的多种需求；

（4）设计中注重对当地气候的考虑，结合风向、雨季等因素合理布置活动场所与景观绿化，营造宜人、便利的居住区环境。

4. 环境景观的艺术性向多元化风格发展

从居住区建筑风格和景观设计风格的角度来看，随着人们对居住环境认识的不断增强，未来中国的居住区风格将更加理性化、人性化。在人们审美意识不断提高的环境条件下，通过市场经济的选择与淘汰，居住区风格将从盲目"从洋"回归到理性，同时环境景观更加关注居民生活的方便性、健康性与舒适性，不仅为人所赏，还要为人所用。尽可能创造自然、舒适、亲近、宜人的景观空间，实现人与景观有机融合。越来越多的居住区将采用更适合自身气质的建筑与环境风格，形成多元化风格的发展趋势。

个性化的居住区环境能赋予居民以亲切感、认同感、自豪感，为生活增添丰富的色彩和情趣。居住区环境的每一部分都具有可识别性。统一风格条件下的建筑形体错落变化，空间丰富多样，同一系列中的不同环境设施的采用，以及绿化组景的差异都有助于形成具有识别性的环境景观。

5. 高密度发展下的立体景观发展趋势

随着城市化进程的快速推进和房地产市场的不断发展，作为稀缺资源的城市土地资源越来越少，人们对土地的利用程度越来越高，城市居住区不断向高密发展，居住区的景观设计也顺应这一趋势向立体化景观发展。居住在公寓楼里的人们或许都有这样的想法，在自己的阳台上也能够拥有郁郁葱葱的大花园。现在，建筑设计师提出的"城市仙人掌"立体绿化方案或许能够满足他们的愿望。在"城市仙人掌"立体绿化方案中，建筑物的外观极为奇特。设计师为每一位住户增加了一个向外伸出的绿色户外空间，为毫无生气的建筑增添了大自然的元素。居住在这种住宅里的城市居民可以有机会在自己家中尝试种植一些自己喜爱的作物（图1-37）。

立体绿化是居住区立体景观设计的一大方向。它是利用城市地面以上的各种不同的立地条件，选择各类适宜植物栽植于人工创造的环境，使绿色植物覆盖地面以上的各

图1-37
"城市仙人掌"立体绿化方案

类建筑物以及其他建筑结构的表面，利用植物向空间发展的绿化方式，屋顶绿化、壁面绿化、挑台绿化、柱廊绿化、棚架绿化等都是立体绿化的表现形式。

立体绿化在一定程度上摆脱了绿化对土地的依赖，使绿色在三维空间中得到延伸，人们从中可以获得良好的心理感受。绿色象征着勃勃生机，使人们感受到生命的希望。正因如此，它能调节人的情绪，使紧张和疲劳得到缓和，使人的心灵恢复平静。在高楼林立的都市建筑群中，绿色将成为人与环境对话的切入点，立体绿化可以作为城市一景为美化城市做贡献。

【思考与练习】

1. 居住区用地组成包括哪几个方面？
2. 居住区规划布局的主要形式有哪几种？
3. 简述城市居住区环境景观设计元素。
4. 常见的景观设计的风格有哪几类，每种风格的特征是什么？

居住区环境设计

2

单元2　居住区环境规划设计
　　　　的原则、方法与程序

【学习目标】

1. 能自主进行居住区环境设计工作任务，对景观设计工作任务岗位工作有清晰的认识；

2. 了解居住区环境景观设计的基本原则；

3. 掌握居住区环境景观设计的基本方法；

4. 会用手绘技法和熟练运用 CAD、PS、3DMAX 表现设计方案；

5. 熟悉居住区环境景观设计的程序并能熟练运用到工作实践过程中。

2.1 居住区环境规划设计的基本原则和要求

居住环境作为人居环境的一个重要组成部分，担负着向人们提供舒适的居住生活的任务，随着现代社会的不断发展，居住区不仅要满足人们的居住需要，还涉及居住环境、户外活动空间以及整体的景观形象，这就要求我们以现代人对生活方式的新需求为出发点，站在人性关怀的高度，从社会和自然条件以及城市规划与设计的整体考虑，创造有利于提高居民生活品质的、舒适的居住区景观环境。

在中国传统的园林文化和环境意识里，强调遵循自然法则，顺应自然，融入自然，力求模仿和再造自然，贯彻天人和谐之道，从而形成"天人合一"的居住观，促使人与自然和谐相处。

2.1.1 居住区环境规划设计的基本原则

1. 人性化原则

人性化的设计原则在外部空间景观设计中，表现为满足居民的心理需求，提高环境舒适性和景观和谐性，强调人的参与性，突出人与环境的交流与对话。为此，将外部空间景观环境塑造成具有浓郁居住气息的家园，以使居民感到安全、温馨及舒适，产生归属感、认同感。人性化设计原则要求想居民之所想，造居民之所需。在设计开始前，要考虑人在物质层面上对使用和舒适度的要求，应对整个居住区进行朝向和风向分析，以利于组织好居住区的风道。景观规划阶段需考虑到向阳面和背阴面的处理，注意提供和设置娱乐交流的场所等。在环境景观设计中的具体体现为：首先，要了解住户的各种需求，在此基础上进行设计；其次，在设计过程中，要注重对人的尊重和理解，强调对人的关怀；第三，体现在活动场地的分布、交往空间的设置、户外家具及景观小品的尺度等方面，使人们在交往、休闲、活动、赏景时更加舒适、便捷。所以，居住区绿地景观设计应坚持以人为本、尊重自然的原则，力争创造一个更加健康生态的、更具亲和力的居住区环境。

2. 地域性原则

地域性居住区环境景观设计是把民族和地方精神在景观作品中表现出来，

要充分体现地方特征和基地的自然特色。我国幅员辽阔，自然区域和文化地域特征相去甚远。例如：我国的首都北京，其城市建筑和景观具有鲜明的北方特色，这种文化特性是深受北方历史传统和人们的生活方式影响的，其中北京的四合院（图2-1）尤为典型。而我国的江浙地区，建筑景观大多精巧传神、表现出不同于北方的景观文化和特点，"小桥流水人家"（图2-2）的描绘可谓非常传神。而福建"客家土楼"（图2-3）等景观设计又有所不同，地域差异性相当明显。居住区景观设计要把握这些特点，营造出富有地方特色的环境，同时应充分利用区内的地形、地貌特点，因地制宜地塑造出具有时代特点和地域特征的、富有创意和个性的景观空间环境。影响地域性表达的因素主要包括：自然环境因素、人文特征因素和经济环境因素。

图 2-1
北京四合院

图 2-2
小桥流水人家

3. 生态性原则

生态是环境景观设计永远的主题，尊重、注重保护和利用现有的自然景观资源，创造一个人工环境与自然环境和谐共存、相互补充，面向可持续发展的理想生态环境是最根本的原则。生态保护的实施，一方面体现在遏制有害物质的使用，另一方面体现在经济合理地利用土地和保护自然资源，充分利用现有的山、水、植物来美化和调节生态环境。

图 2-3
福建"客家土楼"

图 2-4
居住区雨水循环利用

生态性原则的表现形式是多方面的，减少水资源消耗是生态性原则的重要体现之一。在一些景观设计项目中，回收的雨水不仅用于水景的营造、绿地的灌溉，还用作周边建筑的内部清洁、建筑内部卫生洁具的冲洗、广场上植物的浇灌及补充广场水景用水（图2-4）。

自然有其演变和更新的规律，从生态的角度看，自然群落比人工群落更健康、更有生命力。景观设计师应该多运用乡土植物，充分利用基址上原有的自然植被，或者建立一个框架，为自然再生过程提供条件，这也是景观设计生态性的一种体现。因地制宜，适地适树，乔、灌、花、草、藤结合，注重植物种类的多样性，努力创造安全、舒适、健康的生态型环境。具有生态性的居住环境能够唤起居民美好的情趣和情感的寄托，达到人与自然的和谐，利于人类的可持续发展。

4. 文化性原则

居住环境是其所在城市环境的一个组成部分，对创造城市的景观形象有着重要的作用。同时，居住环境本身又应反映城市空间的文化和地方性特征，文化是一个空间的精神内涵所在，内涵才是一个作品的灵魂，仅仅有形式和功能是不够的，有内涵的作品能使其所在的公共开放空间成为吸引人的好去处，寓教于乐是人们历来所追求的一个目标。另外，在居住区环境设计时，要尊重历史，保护和尊重历史性景观，重视当地居民的文化认同感，对于体现景观的地方文化标志特征，增加区域内居民的文化凝聚力都具有重要的作用。

5. 社会性原则

居住区的环境要符合社会综合因素的要求，居民对居住环境的基本心理需求包括实用性、舒适性、归属性等，这种对环境的认知随着不同层面的人群而有着不同的表现。居住区景观设计要赋予环境以特定的属性，来满足居民的心理需求。通过美化生活环境，增强环境的艺术感召力，体现社区文化，促进人际交往和精神文明建设，并提倡公众参与设计、建设和管理，构筑居住区和谐的社会人文环境。

6. 经济性原则

经济性原则可概括为"适用、经济、美观"的总原则，要求总体设计低成本，材料选用节约、合理，做到经济、高效、科学地创造与居住区建筑相结合的、亲切宜人的景观主题及美好的空间体验场所。

经济性原则所要求的，还要具有市场观念，即不仅要引导消费，还要创造消费。对经济性原则的把握必须考虑不同国家、不同地区的社会生产力和消费水平，及其经济发展态势与消费趋势，顺应市场发展需求及地方经济状况，注重节能、节材，注重合理使用土地资源。提倡朴实简约，反对浮华铺张，并尽可能采用新技术、新材料、新设备，达到优良的性价比。

2.1.2 居住区环境规划设计要求

居住环境设计的目的是为了给居民创造休闲、交往与活动的空间，营造自然与人类和谐共存的居住环境。环境景观设计的内容包括道路的布置、水景的组织、路面的铺砌、照明设计、小品的设计、公共设施的处理等，在进行景观设计时要注意对基地自然状况的研究和利用，注意对空间关系的处理和发挥，注意整体性、实用性、艺术性、趣味性的结合。所以，居住区的空间与环境设计，应满足以下几点要求。

1. 尊重自然，因地制宜

尊重地区的自然生态，包括地形、地貌、气候等，充分挖掘地域传统文化，保护和传承历史文脉，体现地域性特色。根据用地的特点，本着方便生活、促进交流、优化环境的基本思想进行布局。

2. 景观设计与建筑设计有机结合

建筑的风格是景观设计风格的基础，景观设计的风格取向必须考虑建筑的特色。公共活动空间的环境设计，应处理好建筑、道路、广场、院落、绿地和建筑小品之间及其与人的活动之间的相互关系，精心设置建筑小品，丰富与美化环境。

3. 强化中心、创造层次感和围合感

居住区公共空间环境设计应着重于强化中心景观，吸引用户走出房屋，加入公共活动，以增进用户间交往，创造和谐融洽的社会气氛。居住区环境既要有公共的绿地，也需要有属于个人的私密空间。层次感是评价居住区环境设计好坏的重要标准，居住区景观设计应充分满足功能要求，提供各级私密空间，并且各层次之间应有平缓的过渡。居住区应实现公、私、动、静的细致变化，努力营造一个围而不闭、疏而不透的空间氛围。

4. 生态设计的思想应贯穿于环境设计的全过程

生态设计就是使外部空间景观生态化的一种思维方式。回归自然、亲近自然是人的本性，通过引入自然界的山水感受自然之美。尊重自然发展过程，倡导能源与物质的循环利用和场地的自我维持，最大限度地发挥材料的潜力，并且保留当地的文化特点，发展可持续的处理技术等思想贯穿于景观设计、建造和管理的始终。

生态园林的景观性应该体现出科学与艺术的和谐。对景观的合理设计应源于对自然的深刻理解并顺应自然规律，包括植物之间的相互关系，不同土壤、地形、气候等影响与植物的相互关系。只有这种认识同园林美学相融合，才能从整体上更好地体现出植物群落的美，并在维护这种整体美的前提下，适当利用造景的其他要素，来展现园林景观的丰富内涵，从而使它源于自然而又高于自然。

5. 注重景观和空间的完整性

居住区环境设计是强调居住环境整体效果的艺术，要把握整体环境的创造，合理设置公共服务设施；市政公用站点等宜与住宅或公建结合安排；供电、电信、路灯等管线宜地下埋设。这样既节约了土地，又方便了居民的使用。

6. 强调环境景观的共享性

这是住房商品化特征的体现，应使每套住房都具有良好的景观环境，首先要强调居住区环境资源的平等性和共享性，在规划时应尽可能地利用现有的自然环境创造人工景观，让所有的住户都能平等地享受到优美环境；其次要强化围合功能、形态各异、环境要素丰富、院落空间安全安静的特点，达到归属领域良好的效果，从而创造出温暖、朴素、祥和的居住环境。

7. 考虑景观空间的多样性

在现代城市发展的过程中，地下、地面、空中三个空间层次的联系日益紧密，城市景观的纵深感日益加强。为塑造形式更加立体、内容更加饱满的景观空间，可以采取多样性的设计手法，突破传统的材质搭配与空间互动，提炼古风，演绎今景，融入对生活哲理的领悟，使设计结合自然。如：常以季节变化作为激发点，引导人们体味晨露、朝夕、花开、叶落，感受四季交替的自然之美。同时，景观空间的创造，还应满足不同社会群体、年龄层次及不同兴趣爱好的群体的需要，满足居民进行各项户外活动的需要。景观空间的设计，应该动、静结合，开、闭相间。营造多层次的立体绿色景观活动空间。利用高低错落、层次丰富的树木花草、花坛坐凳、山石小品，使居住区户外活动空间掩映在一片绿树丛中，使户外活动空间在形式、内容、性质、景观等方面呈现出多样性。

8. 强调布局的统一性

居住区景观规划的总体布局要强调统一，做到环境整体统一、布局协调，同时注意艺术表现效果，使居住区环境景观富有节奏和韵律美。

2.2 居住区环境景观规划设计的方法

为了创造出具有高品质和丰富美学内涵的居住区景观，在进行居住区环境景观设计时，要注意景观美学风格和文化内涵的统一。在居住区规划设计之初，要对居住区整体风格进行策划与构思，对居住区的环境景观作专题研究，提出景观的概念规划。在具体的设计过程中，景观设计师、建筑工程师、开发商要经常进行沟通和协调，使景观设计的风格能融入居住区整体设计之中。因此景观设计应是开发商、建筑工程师、景观设计师和城市居民四方互动的过程。

2.2.1 设计构思

1. 确立景观主题

景观设计的主题特色与表现，延续了千百年来园林对于意境的追求和诠释。环境景观空间如果脱离了明确的主题立意，必将趋于雷同，失去自身独特的灵魂和底蕴。目前，景观主题本身也呈现出多元化的趋势。新材料、新技术、新结构、新工艺的不断发展以及生态技术的使用，使现代绿地景观的形式和风格产生了深刻变化，改善了造景的方法与设计素材。景观主题设计的思路和手法越来越丰富和多样化，主题特色的确定可以增加居住区环境的辨识度，主题成为景观设计的灵魂。

随着生活水平的提升、住宅市场化的深入，人们在追求舒适的基础上更为关注居住环境的格调与个性，在这种背景下居住区开发日趋主题化，并逐渐成为商业地产中的一种主流开发模式。

居住主题是个性化居住文化的产物，是在缜密调研、专业论证的基础上，以某一主题构思为出发点，通过多种有效途径和手段，将主题的外延及内涵贯穿于整个居住区的设计营建乃至使用过程中，从而创造出的某一特定的居住文化形态。而在具体的设计环节中，除需注重与居民生活相关的活动场所及基础设施的营建外，更要创造出具有主题意象的整体居住氛围。

主题特色的确定可以展示居住区环境景观文化内涵。在进行居住区户外主题景观设计时，围绕主题提出恰当的设计理念。它要求设计者对该区域的文化有深刻的理解并通过对自然事物的典型概括和提炼，赋予景象以某种精神或者情感的寄托，使观赏者通过视觉、听觉、触觉、嗅觉去感受、去想象，从而产生共鸣，感悟到景观所蕴含的情感、观念，体验到某种人生哲理。同时，景观所体现出的主题与文化并非具体景象，它往往是含蓄的，表达的是言外之意、弦外之音，使人们置身其中有不可穷尽的想象空间，从而全方位地展示了该区域的文化内涵。

例如，深圳第五园地产项目，万科地产将该地块投资开发为中式风格的主题居住区，占地约 50 万平方米，计划共分 9 期开发完毕。其中一、二期项目位于整个社区的中心地段，占地 1.2hm^2，容积率 1.1。住宅户型分三类，分别为庭院住宅、联排住宅和多层公寓。一、二期景观规划平面如图 2-5 所示。本项目均以"村落感"组团形式布置，利用不同类型的产品在层数上的高低

图 2-5
第五园一、二期景观规划平面

差别和地势的变化由南向北逐渐高起，不仅解决了采光、朝向问题，又让高层住宅可以俯瞰万科第五园的全园风貌。

项目在开发之初就确立了以现代视野重新解读中国传统居住文化的思路，从建筑规划方案成果来看，项目规划的总体布局侧重于对中国传统民居聚居形式"村落"的表达，而在住宅建筑设计上则转向因时因地从众多传统居住建筑单体与组群中汲取要素加以重构。与建筑规划方案相比，在前期主题定位的前提下，景观设计方案一方面应用大量江南传统园林的设计语汇以顺应既有的住宅建筑风格，另一方面则根据项目所在地——华南地区的地域特点，增添了若干本地特有的景观空间符号与特色种植。"第五园"的楼盘名称则是在各项设计后期依据既有"岭南四园"的名称确立下来的，其意旨在传统园林的基础上探索一种新型的、南方的现代生活空间模式，其建筑规划与设计、景观设计以及后期的营销推广均围绕主题展开，但又具有各自的相对独立性。

立意分析。前期主题策划成果与项目所在地域，使得江南和岭南一带的民居、私家宅园为项目主题表达的最佳摹本，而这两处特定地域的传统民居宅园所传达出来的低调内敛、含蓄幽静，也就成为"第五园"主题景观意境表达的基调。

风格定位。第五园定位于现代中式的中高档精品社区，建筑师利用相互错落的建筑布局，梯次增高的台地变化，形成纵横交错、层层叠叠的建筑组团，立面随自然变化而呈现千姿百态的立面效果和千变万化的空间感受。在规划格局上模拟、再现了南方传统村落的空间形态与生长肌理，项目引入中式的元素和符号，正是中国人自信心的表现，带动了文化价值和居住理念的回归。单体建筑风格上，将现代生活与传统建筑精粹相融合。中国传统建筑主张"天人合一、浑然一体"，追求环境的平和和建筑气质的含蓄，追求人与环境的和谐共生；讲究居住环境的稳定、安全和归属感。单体建筑依据民居中的围合院落设计了各类庭院空间，户外景观则大量运用江南、岭南私人住宅园林，包括皖南水口园林的设计语汇，赋予中式建筑更自然、更现代、更具生命力的形象。

主题景观的设计表达。主题居住氛围的形成有赖于居住区整个户外公共空间组成要素的和谐构建，环境景观与规划、建筑、市政设施之间的联系也由此更为紧密，规划格局、住宅建筑及共同形成的户外整体空间构成了主题景观的基底，景观植物、景观建筑、环境设施从各个侧面充实了主题内容，环境色彩、材质肌理则通过对居住者感官的影响来呼应主题氛围。主要景观资源呈"渗透型"布置，最大限度地将景观资源设计到业主的房前屋后，使业主更便利地享受景观，增加公共景观的专有性和私密性。根据用地形状及设计需要，在联排别墅 A、B 区之间形成中央景观带，以地形高差和植物配置设计景观走廊，并结合游泳池设计怡人水景，形成蜿蜒而有致的景观空间，使小区结构形态有机、和谐（图 2-6 ～图 2-9）。

2. 场地分析

一个完整的园林景观设计过程主要可以概括为两个阶段：一是认识问题和分析问题的阶段，二是解决问题的阶段。场地分析就是设计的前期阶段，对问题的认识和分析过程。对问题有了全面透彻的理解后，基地的功能和设计的内容也自然明了了。场地分析的作用如下：

（1）为规划提供范围界定

在做一个项目之前，首先要通过图纸和现场踏察，明确规划范围界线、周围红线及标高，只有这样才能确保设计的准确性。

图 2-6（左）
第五园入口
图 2-7（右）
中央景观带

图 2-8（左）
庭院空间（一）
图 2-9（右）
庭院空间（二）

（2）为立意提供主题线索

充分挖掘当地文化，场地中以实体形式存在的历史文化资源及以虚体形式伴随着场地所在区域的历史故事、神话传说、名人事迹、民俗风情、文学艺术作品等，都可为园林景区或景点景观立意提供主题线索，如果能够充分地挖掘出场地中的文化因素，就可以准确定位景观主题。

（3）为功能确定提供依据

场地分析可分为两个层次，一是场地内部与场地外部的关系，二是场地内部各要素的分析。场地分析通常从对项目场地在城市地区图上的定位，以及对周边地区、邻近地区规划因素的调查开始，可获得周围地形特征、土地利用情况、道路和交通网络、休闲资源，以及商贸和文化中心等。这些与项目相关的场地外围背景，对场地功能的确定有着重要的影响，充分了解这些，有利于确定设计基地的功能、性质、服务人群及确定场地主、次要出入口的合理位置，喧闹娱乐区的位置，安静休息区的位置等。

（4）为植物设计提供参考

首先通过了解设计场地水质资料、土壤状况及当地多年积累的气象资料等环境因素，来合理选择适合场地的植物品种，保证植物设计的科学性及成活率。同时，还要留意场地中需要保留的建筑、墙体、地上地下管线等建筑物及构筑物，在植物设计时注意植物种植点要与它们保持一定的距离，这样既能保证植物的正常生长又能保证建、构筑物的基础不会受到牵动。此外，还应注意场地中的其他因素对植物设计的制约，如场地上空的高压线，为了考虑植物的生长及安全系数，其下的植物，不宜选择过高的乔木等。

（5）为保护、利用景观资源提供可能

设计结合自然，珍惜良好的自然生态条件；尊重并延续场所精神，重视历史文化资源的开发与利用；因地借景，充分利用场地内外景观要素，摒弃不利因素，为景观优化创造机遇。

在尊重原有基地自然生态肌理的前提下，根据场地特征、基地环境状况、地域人文特征、基地与外界的交通联系以及游客容量等诸多方面，对基地进行功能和主题的划分。针对不同片区进行不同的主题和功能设定，能够更好地因地制宜进行设计，在居住区绿地的设计过程中，以生态学为重要基础，寻求生态与景观相结合的设计手法，在保证生态效益的同时，兼顾景观效益。通过对本土文化的现代方法展示，保护和更新区域历史文化，传承风俗民情，突出景观特征。

2.2.2　景观要素设计分析

景观构成要素一般可分为以下三大类：一是地形、水体等无生命的自然物象；二是建筑、小品、道路及其他硬质景观；三是树木、花卉、鸟兽虫鱼等有生命的自然景物。这些要素在园林中起着十分重要的构景作用，设计时要把握好各景观构成要素的特点，充分发挥各自在居住区生态环境中的作用，使它们有序列地为人所感知。居住环境由于居民背景的不同，各自对景观构成要素的形式感觉也不同，因此应该创造出多种多样的形式，但应当具有整体性、连续性，使不同居民都能找到适合其观察环境方式的视觉景观。

2.2.3　空间处理

可持续发展的居住区建构形式，在淡化组团空间的前提下，从居住区的大环境出发，在住区的整体范围内通过对基地、自然条件、地方特色、居民活动特征等的分析，在布局中形成一个或一系列的特征空间作为居住区的空间主体，从而在整体上形成居住区的一种明显的特征空间，并生成相应的场所——开敞的集中绿地或广场，同时在住宅组群内部形成代表地方特色和富于个性的院落空间，如里弄空间、四合院空间等。居住区的特色空间在一定范围内可成为城市的地域空间特征，实现了城市空间向居住空间的转移和渗透，特色空间则赋予居住外部空间地方特色和个性，从而创造出更富活力的环境氛围。

新的居住区空间形式给居住区带来多元化和个性化的发展，为居住区的空间、景观乃至整体环境品质注入了新的活力。

1. 空间的构成

空间是人们赖以生存的最基本的物质元素。空间能够对被他包围的一切事物产生某种特殊的感情色彩。在景观设计中，如果从构成的角度进行分析，空间是由底界面、侧界面和顶界面所构成的。"界面"是从空间中分离出来的一个特殊要素，作为空间形成的载体，在景观空间环境的塑造中起着举足轻重的作用。"界面"的表现形式丰富多彩，在景观领域中，往往通过界面处理完成对景观空间的塑造，真正创造出人性化的空间环境。

底界面：即地面部分，包括道路、广场、绿地、水面等。底界面不仅结合竖向界面共同划分出多样化的空间，同时它能给人以非常强烈的感觉，有很好的观赏作用（图2—10～图2—12）。

图2—10
底界面——水体的处理

图 2—11 （左）
绿地的处理——圆形土丘组成有机图形
图 2—12 （右）
底界面——小区游步道的处理

侧界面：是由建筑立面、景观小品、设施、树木等集合而成的竖向界面。通过界面限定来引导序列空间的展开（图 2—13～图 2—15）。

顶界面：是由周围侧界面的顶部边线所确定的上空范围（图 2—16）。

图 2—13 （左）
景墙、围墙围合形成的封闭庭院空间
图 2—14 （右）
座椅、矮墙围合形成的半开敞空间

图 2—15 （左）
植物、挡土墙、台阶等竖向界面围合而成的休息空间
图 2—16 （右）
顶界面、竖向界面围合而成的空间

2. 空间的形式

空间的形式有很多种，这里主要介绍空间限定分类的形式。

（1）地面升降的高差形成的空间。常见的形式有下沉空间和地台空间（图 2—17、图 2—18）。

（2）围合形成的空间。空间围合的质量和封闭性与垂直要素的高度、密实度和连续性有关（图 2—19～图 2—24）。

图 2—17 （左）
局部地面下沉形成的下沉空间
图 2—18 （右）
局部地面抬高形成的地台空间

图 2-19（左）
建筑围合形成的庭院空间

图 2-20（右）
家具围合形成的休息空间

图 2-21（左）
植物围合形成的休闲空间

图 2-22（右）
景墙、绿篱围合形成的空间

图 2-23（左）
建筑构件围合形成的开敞空间

图 2-24（右）
装饰构件围合形成的开敞空间

（3）质地变化形成不同的空间。主要是指变化地面要素和色彩所形成的空间，一般限定度较低（图 2-25、图 2-26）。

（4）覆盖或架空形成的空间。这种空间一般是由下部支撑和上部悬吊形成，具有遮荫作用（图 2-27~图 2-29）。

图 2-25（左）
地面材质变化划分出不同的空间

图 2-26（右）
地面材质与色彩的不同形成不同的活动空间

（5）设置形成的空间。是把物体独立设置于空间中的某处所形成的一种空间形式，中心的限定物往往能够吸引人们视线的焦点，空间具有一定的向心性（图2-30、图2-31）。

居住区环境的空间处理是在自然及人工环境条件下，运用多种景观要素进行造景组景。

3. 景点的安排

景点一般指园路、小径的起始点、交汇点，以及沿途具有一定功能和观赏作用的地点。广场、节点也都可看作是景点，只不过它是景点规模、观景范围、环境尺度相对扩大的地段。

居住区环境与道路通过一系列的"节点"组织居住区绿地景观。不同景点在分主次、有序的排列中确立了不同的特征，以其鲜明的景观形象使人的游赏过程得到满足，让生活在这里的人们有一种高品质的心理感受。例如，青岛凤凰海岸小区的环境设计。该项目地处青岛经济技术开发区核心位置，基地周边自然环境良好，从建筑形态中寻找景观风格，定位于高贵的英伦风格和自然风致的生活，对英式风格加以浓缩化、片段式、场景化的运用与演绎，并将自然式的景观融入社区生活，通过一系列景观节点组织地段，营造多种景观空间形式，努力打造功能的、怡情的、艺术的、有归属感的优美生活环境（图2-32、图2-33）。

图2-27
架空形成的庭院休闲空间

图2-28
覆盖形成的休息空间

图2-29
覆盖形成的下部休息空间

图2-30
吸引人们视线的居住区景观

图2-31
设置形成的景观空间

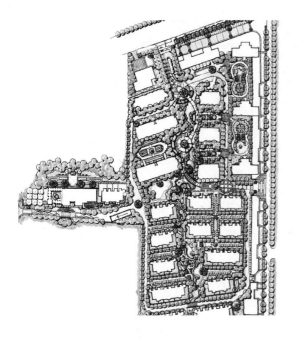

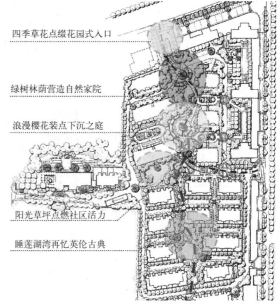

四季草花点缀花园式入口

绿树林荫营造自然家院

浪漫樱花装点下沉之庭

阳光草坪点燃社区活力

睡莲湖湾再忆英伦古典

图 2-32（左）
小区景观设计总平面
图 2-33（右）
小区主要景观节点

4．空间的序列

（1）景观的序列布局要求

1）依形就势，导引有序，"不妨偏径，顿置婉转"，如路径冗长则消减游兴，过短则兴致顿消。

2）因地制宜，巧于因借，自然景观与人工景观可适当控制、选取、剪裁，做得不落斧痕，浑然一体，视线所及"俗则屏之，嘉则收之"。

3）注意空间的交替、过渡、转换，加强其节奏感，划分、隔围、置景主从应分明，尺度、体量把握有度。

4）景观与人文结合，通过诗文、匾额、楹联，览物舒怀，烘托渲染，寓情于景，触景生情，融情入景，深化意境，并给予人们难忘的印象。

（2）景观空间序列组织

空间序列是指按一定的流线组织空间的起、承、开、合等转折变化。建筑景观上应服从这一序列变化，以"均好景观"为设计的主导思路，注重城市空间及环境相互关联，强调其空间的连续组织及关系，强调一种有机的秩序感。

从城市街道进入居住区，再从居住区到达居室庭院，然后进入室内，这一空间领域的变化很大，如果在每一个空间的过渡中充分体现空间层次的序列变化，以实体的功能、标记、节点形成一连串的视觉诱导和行为引导，呈现一种向既定目标运动的趋向，使人的情绪随景物的变化而变化。

空间序列组成一般有起始、过渡、高潮、终结四个阶段。

1）起始阶段。空间序列的开端，它预示着将要展开的心理推测，一般说来，足够的吸引力和良好的第一印象是起始阶段考虑的核心。应具有突出的、有视觉标志性的空间或实体形式。

2）过渡阶段。它既是起始后的承接阶段，又是出现高潮阶段的前奏，在序列中，起到承前启后、继往开来的作用，是序列中关键的一环。以各种空间形式和层次反复渲染以强化空间氛围，引导、启示、酝酿、期待是该阶段考虑的主要因素。

3）高潮阶段。是序列设计的重心，常是精华和目的所在，也是序列艺术的最高体现。高潮阶段的设计核心，是充分考虑期待后的心理满足和激发情绪达到顶峰。

4）终结阶段。由高潮恢复到平静，是序列中必不可少的组成部分，良好的结束似余音缭绕，有利于对高潮的追思和联想，耐人寻味。

空间序列的表达应处理好景的露与藏、显与隐等问题，可运用多种手法，如步步深入、先抑后扬、曲径通幽、豁然开朗、高潮迭起、回味不尽等。景区的置景则可由引景、借景、对景、障景、隔景、夹景、框景、主景、分景等不同手法，以达到预期的效果。在现代景观规划中，中国古典景观理论的运用是丰富创作手法的重要方面，其目的是使景物更有吸引力。

一个完整的园林设计空间序列组织，应具有明确的四个层次和作用，以达到突出中心、重点景观展示和实现园林景观总体意境的效果。但在实际工作中，因项目的地形和使用功能等条件的限制，也可采用三个或两个层次的空间序列的组织，满足景观设计的需要。空间序列的组织设计，可以使游人在不知不觉的游览中感受到园林环境的自然、美丽、灵巧及节奏感和韵律感。

组织景观空间的目的是观景，景的观赏有动静之分。动态观赏是游，静态观赏是息，通过路线的组织安排，把不同的景组成连续的景观序列，成为一种动态的连续构图，以获得良好的动观效果。静态观赏要求设计合适的观赏点、最佳的观赏视距和观赏视域，使人以比较合适的角度赏景。在景观设计中，将动观的"线"和静观的"点"恰当结合，形成连续的、有节点的动观路线，创造出跌宕起伏、高潮迭起的景观序列。

2.2.4　建立点、线、面之间的有机联系

环境景观中的点，是整个环境设计中的精彩之处。在序列空间的连接处或转向处，往往是节点所在。在节点上设置视觉焦点或小型景观空间，能起到丰富序列空间景观的作用。铺地、雕塑小品的色彩及其形态肌理是构成这些景观点风格的视觉要素。表现为线形的道路是反映居住区空间形象的重要载体，有时也可以看作是一条视觉走廊，这些点元素经过相互交织的道路、水系等线性元素连接起来，点、线景观元素使得居住区的空间变得有序。在居住区的入口或中心等位置，线与线的交织与碰撞又形成面的概念，面是全居住区中景观汇集的高潮。在现代居住区规划中，传统空间布局手法已很难形成有创意的景观空间，必须将人与景观有机融合，从而构筑全新的空间网络。

1. 亲水空间

居住区硬质景观，要充分挖掘水的内涵，体现中、西方理水文化，营造出

图 2-34（左）
居住区环境景观亲水
处理
图 2-35（右）
生动活泼的水景设计

图 2-36（左）
北京金地格林小镇地
面设计
图 2-37（右）
居住区外环境防腐木
地面设计

人们亲水、观水、听水、戏水的场所（图 2-34、图 2-35）。

2. 亲地空间

增加居民接触地面的机会，创造适合各类人群活动的室外场地和各种形式的屋顶花园等（图 2-36、图 2-37）。

3. 亲子空间

居住区中要充分考虑儿童活动的场地和设施，培养儿童友好、合作、冒险的精神（图 2-38、图 2-39）。

图 2-38（左）
居住区儿童活动的场地
图 2-39（右）
特色亲子空间处理

4. 亲绿空间

硬软景观应有机结合，充分利用车库、台地、坡地、宅前屋后构造充满活力和自然情调的绿色环境（图 2-40、图 2-41）。

图2-40（左）
富有自然情调的庭院
环境
图2-41（右）
充满活力的绿色空间

居住区的绿地景观规划，要以城市生态系统为基础，优化环境质量，建立生态健全的环境，促进居民身心健康，陶冶人们的情操，营造城市宜居空间，满足现代市民公共生活的需求。

2.3 居住区环境规划设计的基本程序

为使整个设计得以顺利进行，设计者应根据一般环境景观设计实践的规律和程序进行设计。环境景观设计程序应该是从宏观到微观、从整体到局部、从大处到细节，进而步步深入的过程，环境景观设计可分为：设计准备阶段、景观概念方案设计阶段、景观方案扩初设计阶段、景观施工图设计阶段。

2.3.1 设计准备

针对接单项目召开项目论证会，分析项目可执行度，先了解并掌握各种有关项目环境的外部条件和客观情况，以及可能影响工程的一切因素。大致确立项目性质，提炼设计定位及目标，准备项目概念方案设计。

1. 场地调研

考察现有的地盘环境及条件，无论项目的难易，前期数据充足与否，设计者都应进行现场勘查，核对和补充所掌握的数据资料，包括场地条件、边界、小气候、周边的资源环境、现场树木的保留情况、建筑情况、水文地质、地形以及用地范围内外的视觉效果等。

在项目进行到景观设计阶段，一般来说项目的总体规划及建筑应已基本确定，至少应有明确的图纸，设计者在现场，可以切身感受到项目的环境，更好地将思维带入构思阶段。设计者也可设身处地，凭借自身的经验，有的放矢地设想该项目将来的景观，现场有无可借景的景物和应摒除和遮挡的不利环境条件。在项目景观设计进行时，设计者的感受是不一样的。设计者在对建筑未落成前的场地进行踏勘时，只能凭经验模拟建筑样式和景观的结合，而在建筑落成后能更直观地将图纸上的景观设计与建筑本身结合进行体验、感受，从以人为本，以居住区使用者的角度考量设计的合理性。

2．资料收集

（1）自然条件。该项目用地的地形，项目用地上有无高差，有无保留山体，有无保留名贵或古老树种，有无自然水面等。这都是居住区环境的一些良性资源，当然也会由此而产生在设计中需要解决的问题，比如靠山的挡土墙设计、靠水的护栏设计等。另外，项目所在地的气候也是要考虑的因素。

（2）周边资源。该项目用地周围的一些环境资源，如公园绿地、体育设施等。作为居住区，周边的资源可以在环境中有机整合，以提升小区环境的品质，也是可以借景的一些因素。

（3）项目景观的要求。居住区作为城市的一个部分，理应对城市环境做出应有的贡献，它的建成应给城市以美感。政府规划部门会对居住区景观的绿化率、停车位、消防等方面做出要求，而设计者必须在满足这些要求的基础上优化居住区的环境。

（4）资金投放。怎样做到投入较少资金营造高品质楼盘景观，是开发商所关注的问题，也是设计者应追求的方向。好的景观并不一定是高档的材料和树种的堆砌，成熟的开发商将根据市场在项目建设之初做出预算，确定整个居住区在景观上投放的资金比例。了解资金投放情况，有利于设计者在设计时有的放矢。

3．资料分析

首先应整理、归纳基地现场收集的资料，再认真阅读业主提供的"设计任务书"，然后与工程顾问相互协调，开会讨论目前所有的图纸和资料，了解业主对建设项目的各方面要求：总体定位性质、内容、投资规模及设计周期等，并提出项目总体定位的构想，然后，着手进行环境景观的方案设计。

2.3.2　景观概念方案设计

主要任务是风格定位及景观框架提炼。

1．立意

首先要考虑的是立意，所以就要求在景观规划设计时，充分考虑其服务对象的行为感受与需求。结合前期收集到的开发商的想法、意见及期望以及策划方的理念，对小区景观设计进行定位。

设计之前，应将面向大众市场的城市居住区的环境景观地块看作是艺术品，这样才能将平面布局和主要的景点、节点有机地组织在一个统一的立意之下，做到形散而神不散。与营销策划方配合，让景观形成营销卖点。这不仅使整个居住区与其他小区形成差异性而有利于销售，也使整个居住区充满了文化气氛，铸就特色景观，将来也会增强居住区业主的凝聚力、自豪感。

2．风格

居住区环境设计的风格与居住区建筑风格、气候条件、环境特征等主题密切相关。在景观的风格方面，作为景观设计师应与建筑师沟通，建筑对于城市的影响和冲击大于景观。现代居住区环境在设计时容易按常规将建筑看成空白，总是绕开建筑做文章，容易造成建筑和景观不协调的状况。当然，景观要弥补建筑的不足，比如建筑密度大，景观就尽量开敞；建筑没有设架空层，景观就宜适当设置亭或廊供居民在雨雪天气交流使用。在居住区景观设计中要充分抓住四周景观特色，并将其引入景观造景中，与自然环境融合，形成多层次、丰富且风韵独特的景观。

3. 布局形式

在居住区景观设计中，要注重实用功效和美学艺术。现代人趋向于情感与文化品位的生态化人居环境，因而，在其景观效果表达上要结合人文内涵，创造出充满情趣的生活空间。

居住区景观的布置形式主要有三种：

（1）规则式布置。设计方法是轴线法，即以轴线的形式将景观中各要素、各节点组合起来，一般轴线法的布局特点是由整个小区内一条与入口贯通的主轴线主导全园的景观要素及节点，另有与主轴线相垂直的若干副轴线，其他景观节点则设置在由主、副轴线派生出的支线上，或对称或平衡。这种设计方法将使整个居住区产生庄重、开敞的景观感觉。

（2）自然式布置。这种布置形式运用到现代居住区环境景观的设计中，崇尚"自然天成"、"依山就势"、"随高就低"的景观效果，游路呈曲折自然状分布，遇到高起的山丘则依势造山，在平坦处也可筑起自然起伏、和缓的微地形，地形的剖面是自然曲线形，水体则多呈自然的小溪或湖池，采用卵石沙滩、草坡入水等自然驳岸，道路随地形自然起伏、曲折，呈不规则曲线分布，规划中的广场形式也多为自然式轮廓，植物的种植方式多采用均衡布局。

（3）混合式布置。是指在整个景观规划设计中，既有规则形式也有自然形式，主要是结合地形考虑，在原地形平坦处根据需要安排规则式布置形式，在地形原有的起伏不平处即结合地形形成自然式布置，在整个景观总平面中没有形成占主导地位的主轴线、副轴线，采用的设计方法也是综合的，称综合法。由于东西方文化的交流，现代景观设计手法取长补短，呈现多元化，更加灵活多样。综合法是现代居住区景观设计常用的方法。

4. 概念方案图纸

（1）设计说明、方案设计总平面草图、现状分析图、功能分析图、景观分析图；

（2）软硬铺地分析图；

（3）绿化分析图及主要景观基调树种种植图；

（4）主要景观节点详细平面布局、效果表现图；

（5）主要景观节点竖向设计图；

（6）主要节点及特征点的纵横断面表现图；

（7）小品设施分布图及主要景观小品表现图或意向图；

（8）关键雕塑形体概念设计及分析图；

（9）标示系统设计及分析图；

（10）灯光照明系统设计及分析图；

（11）相关效果图、概念彩平、各节点设计意向图；

（12）工程成本概算。

概念方案完成之后，召开概念设计工作汇报会议，针对概念方案主题、风格、结构、功能等分析汇报，确定方案可执行性。根据会议纪要，进行概念方案的修改与调整。

在景观总平面图完成后，应在这个整体的基础上进一步考虑局部景观，也就是对规划中所明确的各个区域进行详细设计。

在居住区景观规划设计中大致会形成入口景观、场所景观、宅间景观以及架空层景观几种区域。

2.3.3　景观方案扩初设计

依据委托方概念确定函进行扩初设计（与甲方进行沟通需正式发函）。

当方案确定以后，设计构思需进一步完善，要进行进一步的扩大初步设计，简称"扩初设计"。在扩初设计中，应该有更详细、更深入的总体规划平面，总体竖向设计平面，总体绿化设计平面，具体景观节点扩初设计，灯光照明扩初设计，地面处理、植被及铺装材料选择及处理，建筑小品的平、立、剖面（标注主要尺寸）。在地形特别复杂的地段，应该绘制详细的剖面图。用专业的 CAD 图纸进一步明确地解说设计特点及其设计构思理念。

初步设计说明书包括以下四项内容：

（1）对照总体规划图文件中文字说明部分提出全面技术分析和技术处理措施；

（2）各专业设计配合关系中关键部位的控制要点；

（3）材料、设备、造型的色彩选择原则；

（4）根据要求做出成本概算。

2.3.4　景观施工图设计

根据扩初图确认书进行施工图设计（与甲方进行沟通需正式发函）。

此阶段主要任务是为硬、软景施工提供详细的设计图纸及协助编制硬景、软景工程进度安排。应提供的图纸有：

（1）施工图设计说明，园林建筑的平面、立面、剖面施工图；

（2）各种户外灯具布置、型号和施工图安装大样（成品）图；

（3）户外竖向设计施工图、各种公用家具布置、型号、样式和施工安装大样图；

（4）绿化布置定位、放样施工图、硬景布置定位放线图和施工图；

（5）户外建设性小品平、立面及施工大样图；

（6）水体布置施工图、管网图、广场布置施工图、背景音乐设计图、植物栽种施工图及技术指标；

（7）园林景观材料明细表；

（8）景观结构、水电专业设计施工图；

（9）工程成本预算。

施工图完成后，召开施工图设计工作交流会议，针对景观施工图施工可行性分析交流、进行施工图修改与调整。然后是施工图提交，成果确认。

为配合施工，需与甲方、工程承建商一起召开服务跟踪工作交流会议，在硬景施工前及施工期间按要求前往工地现场监督，以确保所有硬景工程按图施工；在软景施工前及施工期间应按甲方的要求前往工地现场监督，以确保所有软景工程按图施工，查核园林建造文件上所示的物料，并监督树木的种类及种植土堆填工程，包括种植初期的保养视察与最后的施工验收。

2.4　居住区环境规划设计的成果表达

2.4.1　方案设计成果表达

方案设计文件包括：封面、目录、设计说明、设计图纸等内容。

1. 方案设计文件封面

应包括景观工程项目名称、建设单位名称、设计单位名称、设计阶段（方案）、文件编制日期等。

2. 方案设计文件目录

应包括序号、文字文件和图纸名称、文件号、图号、备注、编制日期等。

3. 方案设计说明

（1）设计依据及基础资料

1）由主管部门批准的规划条件（用地红线、总占地面积、周围道路红线、周围环境、对外出入口位置、地块容积率、绿地率及原有文物古树等级文件、保护范围等）；

2）建筑设计单位提供的与场地内建筑有关的设计图纸，如总平面图、建筑一层平面图、屋顶花园平面图、地下管线综合图、地下建筑平面图、透视图等；

3）园林景观设计范围及甲方提供的使用及造价要求；

4）地形测量图；

5）有关气象、水文、地质资料；

6）地域文化特征及人文环境；

7）有关环卫、环保资料。

（2）场地概述

1）本工程所在城市、周围环境（周围建筑性质、道路名称、宽度、能源及市政设施、植被状况等）；

2）场地内建筑性质、高度、体形、外饰面的材料及色彩、主要出入口位置，以及对园林景观设计的特殊要求；

3）场地内的道路系统；

4）场地内需保留的文物、古树、名木及其他植被范围及状况描述；

5）场地内自然地形概况；

6）土壤情况。

（3）总平面设计

1）景观设计总平面深度设计原则；

2）设计总体构思、主体及特点；

3）功能分析、交通分析、主要人行道路及车行道路交通流线分析；

4）种植设计，种植设计的特点、主要树种类别（乔木、灌木）；

5）对地形及原有水系的改造、利用；

6）给水排水、电气等专业有关管网的设计说明；

7）有关环卫、环保设施的设计说明；

8）技术经济指标。

4．方案设计图纸

以深圳龙华中航城小区景观设计方案（SED 新西林景观国际有限公司设计）部分图纸为例（图 2-42～图 2-74）。

项目概况：龙华中航城项目位于深圳宝安区龙华新城以红山站为核心的北部居住组团，龙华街道人民路西侧，龙华二线拓展区中心地段，距离地铁 4 号线约 400m，距离深圳新火车站 2.5km。所有医疗、教育、商业、娱乐、交通等配套设施齐备。该项目占地面积 61670.81m²，用地面积 53568.6m²，总建筑面积 376070.24m²，计入容积率面积 246683.24m²。主要建筑类型为高层住宅和商业。

设计理念：在小区空间环境设计中，以不同类型的空间和氛围来定义场所，运用自然的布局手法进行空间处理，强调相互间组合联系，尽量在借助原有地形地貌的基础上改造地形，增大景观空间；广场、水系及各组团绿地充分考虑到不同年龄层次居民的活动需求，提供不同性质、功能、尺度的交往空间，以提高居民的生活品质；把当地历史文化和风土人情融入小区景观创造中。通过地方材质的应用，体现当地特色，延续历史文脉，体现自然气息。

景观设计原则：简约、自然、流畅、雅致。

景观设计主题："都市山谷"自然、现代、安逸的社区生活。

景观设计构想："让生活如同热带鱼般绚丽多彩"。动感的海浪与鱼群的游动，形成发散性的线条穿插其中，在无序之中寻找各自的共性。营造场地、建筑、人的和谐居所，共同创造一种和谐的社区形态。

景观设计风格：现代简约风格。景观设计围绕建筑格调展开，体现韵律、流畅及围合的都市住宅情调。

（1）区位分析

（2）场地现状分析　常用比例 1：500～1：1000

（3）建筑规划竖向分析

（4）景观主题构思　常用比例 1：500～1：1000

（5）总平面　常用比例 1：500～1：1000

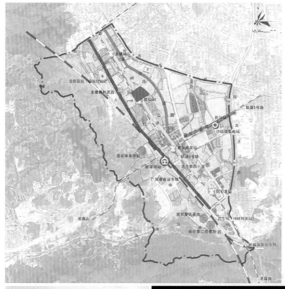

尊崇城市发展的中心体系

项目地理位置

龙华中航城项目位于深圳市龙华新城以红山站为核心的北部居住组团，地块南偏东约30°呈梯形。北面临人民南路，西面临上塘路，两条均为城市交通主干道，未来将会带来大量人流和车流。

北面人民南路对面为规划的剧院、学校及绿化带；项目地块西侧是规划中高约15m的轻轨四号线，轻轨红山站与本案相距400m左右；南侧对面为鹏润达集团的待开发用地；东侧为宽约40m的城市绿化带；未来主要人流来向和人口为人民南路与项目东侧规划一路交角处，次要人流来向和人口为上塘路与项目南侧规划市政支路交角处。

项目市场定位

1.商业

商业产品定位：体现都市生活元素，消费需求，融合购物、餐饮、休闲娱乐、文化教育、服务配套等功能，为中部组团导入人口营造一个以中档为主的、具有丰富购物和餐饮选择性的、尽享琳琅满目购物乐趣的、环境舒适、亲切的一站式生活服务场所。

2.住宅

住宅产品定位：新城市核心·复合价值地标

位于龙华新城核心区域，具备新都市生活特色的中高档品质居住社区。

生态城市公园

龙华新火车站

城市交通

图 2-42　区位分析

周边景观资源分析

一、地块周边道路分析

东侧：规划一号路（路面宽度20m）

南侧：临近一条市政支路（路面宽度9m）

西侧：临上塘路（路面宽度16m）

北侧：临交通干道人民南路（路面宽度35m）

二、周边景观资源优劣势分析

1、优势：

1.1 项目东面为市政绿化带，视线良好，提升了东侧三栋住宅楼的景观品质。

1.2 项目北面为剧院、学校及绿化带，视线开阔良好。

2、劣势：

2.1 项目南面为鹏润达集团待开发用地，其产品可能是高层住宅，这样会让人产生很强烈的压抑感，为了尽可能地减少这种感觉，在街道设计时种植高大树种，缓冲压抑感，同时增加了景观效果。

2.2 项目西侧有轻轨经过，不但影响视线而且还会对本地块产生噪声，因此在设计时种植四季长青树种，并以45°斜面阵列，以解决噪声与视线问题。

图 2-43　场地现状分析

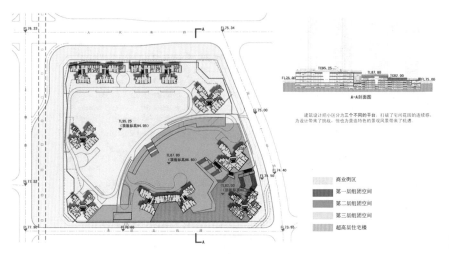

图 2—44
建筑规划竖向分析

商业街区
第一层组团空间
第二层组团空间
第三层组团空间
超高层住宅楼

建筑设计把小区分为三个不同的平台，打破了宅间花园的连续性，为设计带来了挑战，但也为营造特色的景观风景带来了机遇。

设计主题："都市山谷"——自然、现代、安逸的社区生活

当都市归隐山林，闲庭信步于谷间，这应该是所有都市人所向往的日常生活情景吧，而我们的景观正是希望营造出此种独特的心境！

谁谓今时非昔日，端知城市有山林
——清·乾隆

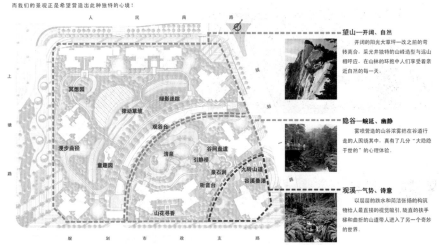

望山—开阔、自然

开阔的阳光大草坪一改之前的弯转离合，采光井独特的山峰造型与远山相呼应，在山林的环抱中人们享受看亲近自然的每一天。

隐谷—蜿蜒、幽静

雾喷营造的山谷浓雾把在谷道行走的人围绕其中，真有了几分"大隐隐于世的"的心理体验。

观溪—气势、诗意

以层层的跌水和简洁张扬的构筑物给人最直接的视觉吸引，随直的扶手梯和曲折的山道带人进入了另一个奇妙的世界。

图 2—45
景观主题构思

● 在建筑的三层台地之上营造城市山谷的景象，将自然的浪漫与现代的简洁相结合，山林在此生长，我们栖居于斯，伴随着山林的呼吸，享受生活的朝暮。

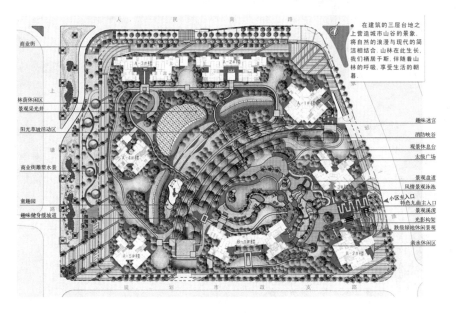

商业街
林荫休闲区
景观采光井
阳光草坡活动区
商业街趣味塑水景
童趣园
趣味健身缓坡道

趣味迷宫
消防峡谷
观景休息台
太极广场
景观盘道
风情景观泳池
小区主入口
特色九曲主入口
景观溪流
光影构架
跌级绿地休闲景观
亲水休闲区

图 2—46
总平面

（6）景观整体鸟瞰

（7）景观结构分析

（8）功能分区　常用比例 1：500～1：1000

（9）交通流线分析

（10）景观竖向分析

（11）主入口区放大平面　常用比例 1：100～1：300

（12）主入口区效果

（13）主入口区剖面　常用比例 1：100～1：300

（14）游泳池景观区放大平面　常用比例 1：100～1：300

图 2—47
景观整体鸟瞰

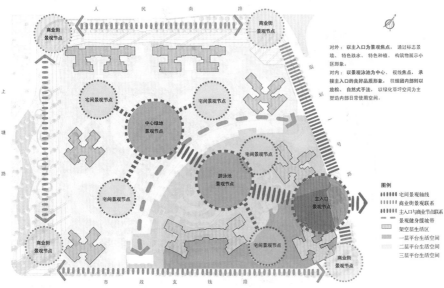

图 2—48
景观结构分析

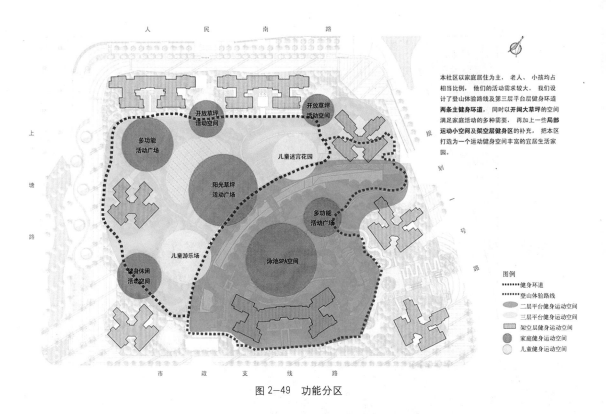

本社区以家庭居住为主，老人、小孩均占相当比例，他们的活动需求较大。我们设计了登山体验路线及第三层平台层健身环道两条主健身环道，同时以开阔大草坪的空间满足家庭活动的多种需要，再加上一些局部运动小空间及架空层健身区的补充，把本区打造为一个运动健身空间丰富的宜居生活家园。

开放草坪活动空间

开放草坪活动空间

多功能活动广场

儿童迷宫花园

阳光草坪活动广场

多功能活动广场

儿童游乐场

泳池SPA空间

健身休闲活动空间

图例

·····　健身环道
━━━　登山体验路线
　　　二层平台健身运动空间
　　　三层平台健身运动空间
　　　架空层健身运动空间
　　　家庭健身运动空间
　　　儿童健身运动空间

图 2-49　功能分区

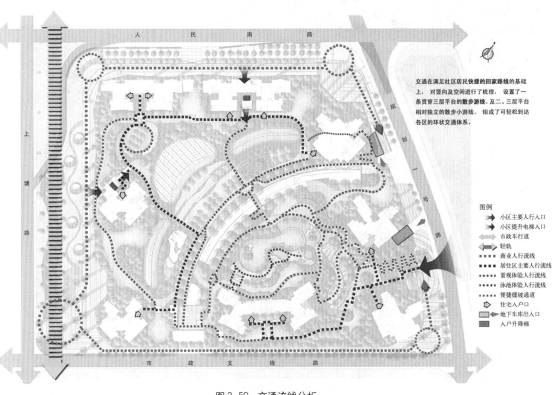

交通在满足社区居民快捷的回家路线的基础上，对竖向及空间进行了梳理，设置了一条贯穿三层平台的散步游线，及二、三层平台相对独立的散步小游线，组成了可轻松到达各区的环状交通体系。

图例

⬈　小区主要人行入口
⬈　小区提升电梯入口
⬌　市政车行道
⬌　轻轨
·····　商业人行流线
▪▪▪▪　居住区主要人行流线
·····　景观体验人行流线
·····　泳池体验人行流线
·····　便捷缓坡通道
□　住宅入户口
■⬈　地下库出入口
■　入户升降梯

图 2-50　交通流线分析

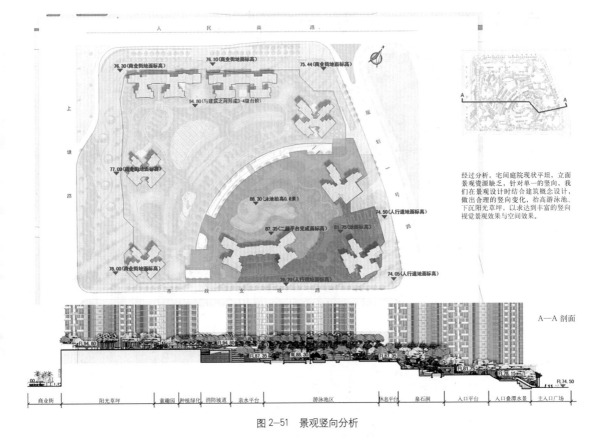

经过分析，宅间庭院现状平坦，立面景观资源缺乏，针对单一的竖向，我们在景观设计时结合建筑概念设计，做出合理的竖向变化，抬高游泳池、下沉阳光草坪，以求达到丰富的竖向视觉景观效果与空间效果。

A—A 剖面

| 商业街 | 阳光草坪 | 童趣园 | 种植绿化 | 消防道路 | 亲水平台 | 游泳池区 | 林息平台 | 泉石涧 | 入口平台 | 入口叠潭水景 | 主入口广场 |

图 2-51　景观竖向分析

以生态坡道、跌水、景观构筑物打造自然、大气的主入口形象。

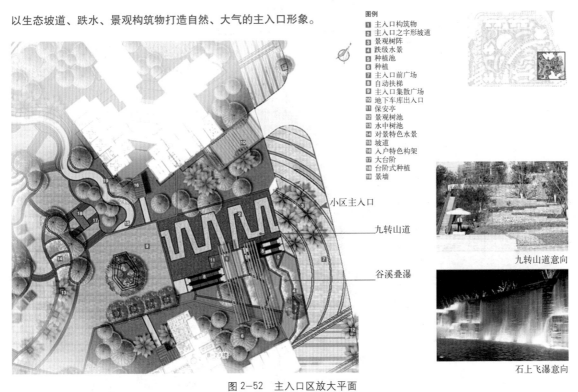

图例
1 主入口构筑物
2 主入口之字形坡道
3 景观树阵
4 跌级水景
5 种植池
6 种植
7 主入口前广场
8 自动扶梯
9 主入口集散广场
10 地下车库出入口
11 保安亭
12 景观树池
13 水中树池
14 对景特色水景
15 坡道
16 入户特色构架
17 大台阶
18 台阶式种植
19 景墙

小区主入口

九转山道

谷溪叠瀑

九转山道意向

石上飞瀑意向

图 2-52　主入口区放大平面

图 2-53
主入口区效果

主入口前广场　景观跌水区　光影构架与悬挑平台区　休息广场区　特色水景区　平台休闲区

图 2-54
主入口区剖面

体验感丰富，现代亚洲风情的休闲 SPA 泳池，高端社区的象征。

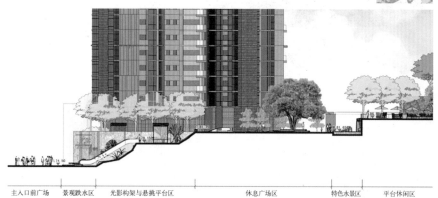

谷间盘道
清泉
清泉石润

听音台

图例
1 主入口对景水景
2 水中树池
3 阳伞休闲空间
4 跌级种植池
5 大台阶
6 特色构筑物
7 泳池入口构筑物
8 成人泳池
9 儿童戏水池
10 跌级水景
11 按摩池
12 升降梯
13 空中观景平台
14 木平台
15 坡道

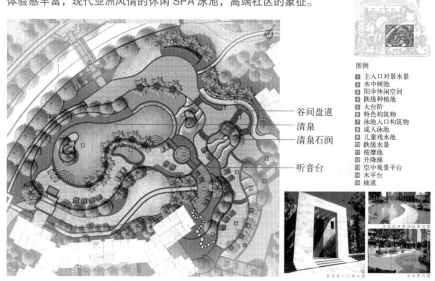

图 2-55
游泳池景观区放大平面

（15）游泳池景观区效果

（16）游泳池景观区剖面

（17）草坡休闲景观区放大平面

（18）草坡休闲景观区效果

（19）架空层功能分析

（20）铺装系统

（21）铺装风格意向

（22）构筑物景墙系统

（23）构筑物风格材料意向

（24）消防峡谷构架方案

（25）灯具布置夜景平面

（26）灯具照明意向

图 2-56
游泳池景观区效果

图 2-57
游泳池景观区剖面

现代自然的阳光庭院生活，开阔的阳光大草坪及特色的休憩小空间，组成了人们茶余饭后休闲散步的阳光庭院。

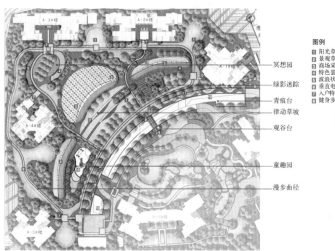

图例
1 阳光草坪　8 景观构筑物
2 景观草坡　9 消防山谷顶部构架
3 商场采光井　（格栅与立种植墙相合）
4 特色景墙　10 消防挡墙特色处理
5 波浪状景墙　11 儿童活动空间
6 垂直电梯　12 景观雕塑
7 入户特色小空间　13 儿童迷宫
健身步道

冥想园
绿影迷踪
青痕台
律动草坡
观谷台
童趣园
漫步曲径

大线条草坡还可以是孩子们的游戏场

大草坡意向图

图 2-58
草坡休闲景观区放大平面

图 2-59
草坡休闲景观区效果

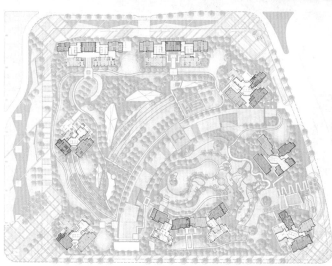

图例
□ 入户大堂、电梯间
休闲活动空间
儿童活动空间
棋牌室、老年活动区
运动空间
人文类主题展览空间
科技类主题展览空间
卫生间

儿童活动空间意向

人文类主题展览空间意向

台球室意向

运动健身空间意向

图 2-60
架空层功能分析

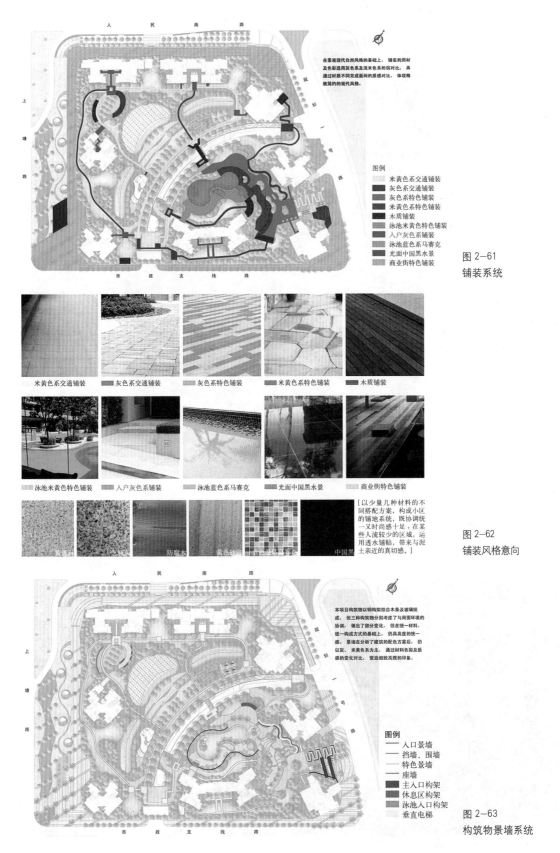

在景观现代自然风格的基础上，铺装的用材及色彩选用灰色系及浅米色系的弱对比，再通过材质不同完成面间的质感对比，体现精致简约的现代风格。

图例
■ 米黄色系交通铺装
■ 灰色系交通铺装
■ 灰色系特色铺装
■ 米黄色系特色铺装
■ 木质铺装
■ 泳池米黄色特色铺装
■ 入户灰色系铺装
■ 泳池蓝色系马赛克
■ 光面中国黑水景
■ 商业街特色铺装

图 2—61
铺装系统

米黄色系交通铺装　■ 灰色系交通铺装　■ 灰色系特色铺装　■ 米黄色系特色铺装　■ 木质铺装

■ 泳池米黄色特色铺装　■ 入户灰色系铺装　■ 泳池蓝色系马赛克　■ 光面中国黑水景　■ 商业街特色铺装

[以少量几种材料的不同搭配方案，构成小区的铺地系统，既协调统一又时尚感十足；在某些人流较少的区域，运用透水铺贴，带来与泥土亲近的真切感。]

图 2—62
铺装风格意向

本项目构筑物以钢构架结合木条及玻璃组成，但三种构筑物分别考虑了与周围环境的协调，做出了部分变化。但在统一材料、统一构成方式的基础上，仍具高度的统一感。景墙在分析了建筑的配色方案后，仍以灰、米黄色系为主，通过材料色彩及质感的变化对比，营造细致高雅的印象。

图例
—— 入口景墙
—— 挡墙、围墙
—— 特色景墙
—— 座墙
■ 主入口构架
■ 休息区构架
■ 泳池入口构架
□ 垂直电梯

图 2—63
构筑物景墙系统

单元2　居住区环境规划设计的原则、方法与程序　57

主入口构架以钢构架及磨砂玻璃组合而成，色彩与建筑构架色调统一，表现统一的小区形象

休息区构架意向图

休息区构架以钢材、木材为主要构成元素，与主入口构架统一中又有变化，体现小区的温馨舒适生活意图

连接入口构架与休息区构架材质及构成方式完全和谐，只在体量及细节处理上变化以与周边环境更好的结合，营造高尚社区SPA会所、尊贵体验

从建筑中提炼菜成构成元素，以钢材的冷色调与木材的暖色调的对比，打造现代感的菜现小品

与建筑一体相承的材质及构成方式。

钢材　　　　磨砂玻璃与磨砂玻璃　　　　防腐木

图 2-64
构筑物风格材料意向

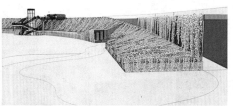

o 消防峡谷方案———琴弦的韵律

方案一的主体材料是方通，结合地形关系，在节约材料的情况下设计而成，造型大气，有韵律感，从人视的角度看上去好像几把未完全张开的扇子。

在二平台通往三平台的消防车道上设计了种植池，种植池内可种植花卉植物与爬藤植物，软化景观构筑，丰富视觉感。

图 2-65
消防峡谷构架方案

灯光设计原则：
1. 景观的整体效果；
2. 景观的层次感；
3. 灯光突出重点；
4. 灯具隐藏性；
5. 节约能源—分时／分区控制；
6. 灯光的安全性。

图例
庭院灯
草坪灯
埋地灯
水下射灯
射树灯
高杆灯
池壁灯

图 2-66
灯具布置夜景平面

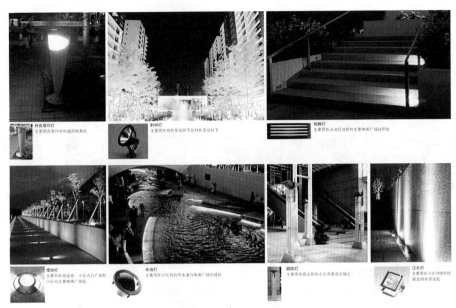

图 2-67　灯具照明意向

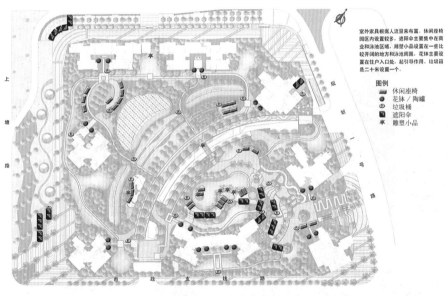

图 2-68　家具布点

(27) 家具布点

(28) 景观设施参考

(29) 主要乔木参考

(30) 主要灌木参考

(31) 软景物料分析

(32) 植物功能分析

(33) 植物荷载建议分析

儿童活动设施参考图片

休闲座椅参考图片

垃圾桶参考图片　　　　　　　　　　　　雕塑参考图片

图2-69　景观设施参考

主要景观树种　　　　　　　　　　　　　　　　　　　　　　　主要芳香乔木

凤凰木　　　　　　　大秋枫　　　　　　　银海枣　　　　　　　白兰

主要结构乔木　　　　　　　　　　　　主要观果乔木

桃花心木　　小叶榄仁　　芒果树　　狐尾椰　　吊瓜树　　海红豆　　假苹婆

主要观花乔木

鸡蛋花　　　　小叶紫薇　　　大花紫薇　　木棉　　　黄槐　　　火焰木

图2-70　主要乔木参考

观花灌木　　　　　　　　　　　　　　　　　　　攀爬灌木

毛杜鹃　　　勒杜鹃　　　大叶龙船花　　　　炮仗花　　　常春藤　　　蒜香藤

观色灌木　　　　　　　　　　　　　　　　　　　芳香灌木

变叶木　　　亮叶朱蕉　　　花叶良姜　　　　九里香　　　桂花　　　栀子花

景天科

红檵木　　　红背桂　　　黄金榕　　　　佛甲草　　　长垂盆草　　　垂盆草

图2-71　主要灌木参考

入口空间　　　　　　　　　　泳池空间　　　　　　　　　　道路景观

美洲榄仁　银海藻　大叶龙船花　　鸡蛋花　红刺露兜　海南蒲桃　　小叶榄仁　长芒杜英　白兰

住户入口　　　　　　　　　　休闲空间　　　　　　　　　　商业街空间

火焰木　黄槐　勒杜鹃　　　旅人蕉　　　圆叶蒲葵　　　大王椰　狐尾椰　毛杜鹃

图2-72　软景物料分析

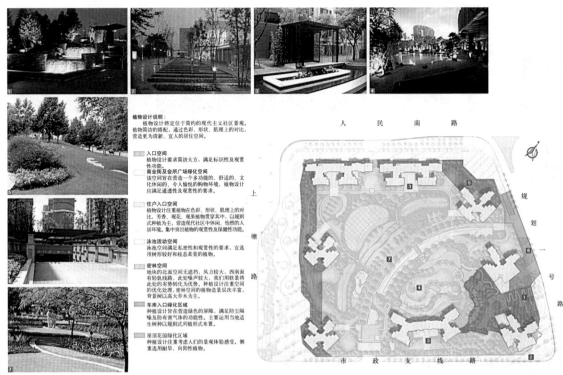

植物设计说明：
　　植物设计将定位于简约的现代主义社区景观。植物简洁的搭配，通过色彩、形状、肌理上的对比，营造更为清新、宜人的居住空间。

■ **入口空间**
植物设计要求简洁大方，满足标识性及观赏性功能。

■ **商业街及会所广场绿化空间**
该空间旨在营造一个多功能的、舒适的、文化休闲的、令人愉悦的购物环境，植物设计应满足通透性及观赏性的要求。

■ **住户入口空间**
植物设计注重植物在色彩、形状、肌理上的对比、芳香、观花、观果植物贯穿其中，以规则式种植为主，营造现代社区中休闲、怡然的人居环境。集中突出植物的观赏性及保健性功能。

■ **泳池活动空间**
泳池空间满足私密性及观赏性的要求，宜选用树形较好和枝态柔美的植物。

■ **密林空间**
地块的北面空间无遮挡，风力较大，西南面有轻轨线路，此处噪声较大，我们用软景将此处的劣势转化为优势，种植设计注重空间的优化功能，密林空间的植物造景层次丰富，背景树以高大乔木为主。

■ **车库入口绿化区域**
种植设计旨在营造绿色的屏障，满足防尘隔噪及防有害气体的功能性。主要运用当地适生树种以规则式列植形式布置。

■ **屋顶花园绿化区域**
种植设计注重考虑人们的景观体验感受，侧重选用耐旱、向阳性植物。

图 2-73　植物功能分析

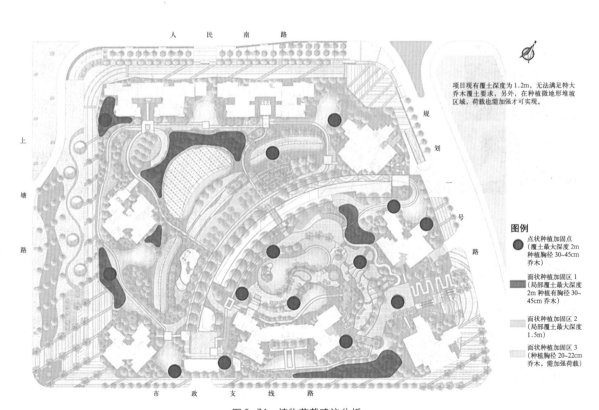

项目现有覆土深度为 1.2m，无法满足特大乔木覆土要求，另外，在种植微地形堆坡区域，荷载也需加强才可实现。

图例

● 点状种植加固点
（覆土最大深度 2m
种植胸径 30~45cm
乔木）

■ 面状种植加固区 1
（局部覆土最大深度
2m 种植有胸径 30~
45cm 乔木）

■ 面状种植加固区 2
（局部覆土最大深度
1.5m）

■ 面状种植加固区 3
（种植胸径 20~22cm
乔木，需加强荷载）

图 2-74　植物荷载建议分析

2.4.2 展板的设计与制作

1. 展板设计的基本内容

展板的主要作用是展示、宣传和交流专业课程学习成果和亮点，展板是展示设计方案的常用方法，是完成了前期方案的概念定位、空间表现图之后的完善和最终表达。展板设计与制作是整合方案设计，以视觉语言的方式传达给观者，要求主题突出，图文并茂，图像清晰，文字准确，版面设计美观大方，有一定的创意，能较好地表现设计意图。一般用 PS 制作，通常靠大量图片配以简明的文字介绍来作为整个展板的主要内容，图片又以展示效果图为最佳。

(1) 设计方案效果图

效果图要能够完整反应设计方案的风格特色，有一定的创意亮点。图片在整个展板中所占的面积、位置及数量决定图片的重要性。设计点较多的空间可用更多的图片进行展示，在完成规定展示图片的数量的同时，要考虑展示图片的主次关系，能体现设计理念的重要图片可放在版面中较醒目的位置，同时可加重该图片在整个版面中的面积。版面有限，图纸不宜过多，但不能少于两张。做展板前要完成设计效果图的筛选及后期处理，尽量保持图面的色彩和谐，使其版面效果统一。

(2) 平、立面 CAD 图

1) 要求 CAD 图的线条清晰、线型使用正确、文字标注明确。

2) 图纸数量：主要平面布置图 1 ~ 2 张、主要立面图 2 ~ 3 张。

3) 完成 CAD 图图片格式转换。

(3) 设计说明

展板中的文字说明要求言简意赅，条理分明，详略得当，一般设计说明字数应控制在 200 字以内。针对设计方案的风格特点、设计思路、材料使用、环境和谐等方面，进行简要说明，要求中心明确，结构紧凑。

(4) 展板内容

要求文字和图片配合协调，版面饱满，避免过于空洞或拥挤。同时，随展板另行提交原始图片电子版（JPG 格式或 TIF 格式）。

2. 展板的设计与制作要求

(1) 排版。在展板制作中，主要以图片展示为主，排版比较自由，可根据个人喜好或参照一些优秀的排版设计。尽量不要把所有的展示图片设计成统一大小，这样区分不出展示的主次关系；也尽量不要把所有图片整齐排列，整齐的图片排列会使整个版面过于呆板。文字尽量围绕所介绍的图片，或者是整体设计的介绍。文字可使用一些较美观的字体，除了标题，文字不可过大。

(2) 建议使用竖向排版，须符合规定出图比例，以保证展览的布展视觉需要。

(3) 展板排版时，所使用的图片分辨率应不低于 300dpi，以保证打印效果。

(4) 展板版面包括项目名称、项目团队信息和项目内容三部分，其中项目团队信息部分包括项目成员信息（姓名、年级、专业）和项目指导教师信息（姓名、职称、研究方向）。对项目做出简要的介绍，包括项目概况、项目立意以及项目设计成果等。

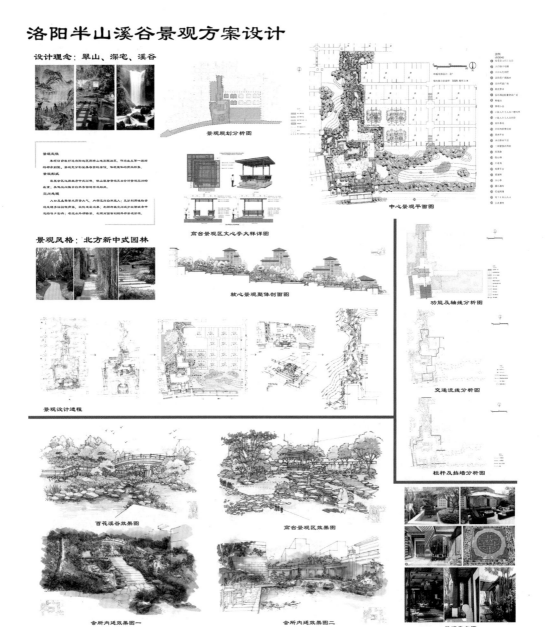

(5) 将展板的最终电子文档保存为 *.JPG 格式，300dpi，展板常使用 KT 板打印，深色细边框装裱。

展板示例如图 2-75 所示。

图 2-75
居住区景观方案设计
展板

【思考与练习】

1. 居住区环境规划设计的要求有哪些？

2. 场地分析的作用有哪几方面？

3. 居住区环境设计的基本程序分哪几个阶段，每个阶段的主要工作任务是什么？

3

单元 3　居住区景观环境的营造

【学习目标】

1. 能进行居住区小游园以及宅旁绿地的设计；
2. 掌握居住区道路景观设计基本要求；
3. 了解居住区园林建筑小品和水景设计的基本类型；
4. 能独自进行庭院空间设计；
5. 熟悉居住区绿化树种的选择；
6. 熟悉屋顶花园设计的基本原则和设计要点。

3.1 居住区入口景观

居住区入口景观是居住区景观设计的重点和难点，同时又是居住小区景观的重要组成部分，它既是展示居住区形象的窗口，同时又是城市街道中具有特色的景观之一，对创造居住区的景观有着画龙点睛的作用（图3-1）。

图3-1
常州御城小区入口景观

3.1.1 居住区入口景观设计的原则
1. 整体性原则
居住区入口景观设计要考虑居住区整体环境特点，同时要考虑周边街道景观特色，做到整体上协调统一。

2．功能性原则

随着社会的快速发展，居住区入口的功能也越来越多。它的空间功能可分为基本功能和衍生功能。最初所说的基本功能是指交通功能和安全防卫功能，到如今衍生出来精神功能以及为小区提供交往空间等功能。所以，在进行入口景观设计时不仅要考虑基本功能，还要考虑衍生功能。现在，很多居住区在入口设计时，既有主入口，也有1～2个次入口。同时还应考虑人车分流，也就是行人和车辆分别设置入口，这样布局更有利于创造景观空间（图3-2）。

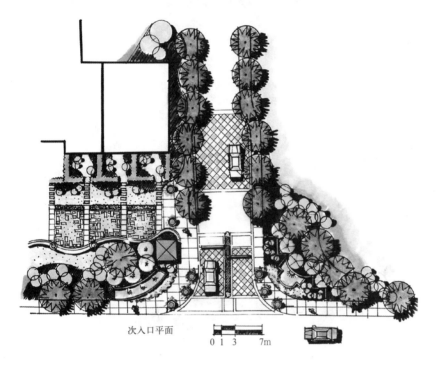

次入口平面　0 1 3　7m

图3-2
某居住区次入口平面

3．以人为本的原则

根据人们行为心理和精神活动规律，以整体性和功能性为出发点，为人们创造一个舒适、自然和宜人的入口景观空间。

因而，有的居住区入口设置小区标志，结合地面铺装成小广场和停车场，引导居民进入小区（图3-3、图3-4）。在前导空间内注意入口对景的设置，有的对景是中心绿地，有的是公建，利用周围建筑、绿化，采用虚实对比的手法使前导空间构图完整、景观丰富，具有良好的艺术效果，使居民进入小区就感到亲切。

3.1.2　居住区入口设计要考虑的因素

（1）体现居住区本身的特色以及所在区域的历史、社会、文化特征；

（2）处理好与周围建筑、道路的关系，尤其是居住区内道路和城市道路的关系；

（3）便于居民的使用。

图 3-3（左）
苏州观棠居住小区入口景观
图 3-4（右）
成都龙湖三千城小区入口景观

3.2　居住区绿地景观设计

居住区绿地是居住区景观环境的重要组成部分，利用绿化来改善、提高居住区的环境质量是非常必要的，其布置直接影响到居民的身心健康。其功能主要有三方面：首先，构建居住区室外自然生活空间，满足居民各种休憩、健身、交往等活动的需要；其次，能够美化、净化居住区环境，运用绿化创造优美环境；最后，还能发挥绿化生态环保作用，提高环境质量与品位。同时，为防灾避难留有隐蔽疏散的安全通道。

3.2.1　居住区小游园

居住区小游园的用地规模是根据其功能要求来确定的，目前新建小区公共绿地面积采用人均 1 ~ 2m² 的指标。居住区内的小游园服务半径一般在 300 ~ 500m 以内，居民步行 5 分钟左右到达，主要为老人和青少年提供休息、观赏、交往及文娱的场地（图 3-5）。

图 3-5
居住区小游园

1. 居住区小游园的规划设计要点

（1）选址要适当

小游园位置力求适中，入口避开交通繁忙的地带，结合园内分区和地形条件，在不同地方设置出入口，方便居民使用。小游园如果布置在小区中心，其服务半径以不超过 300m 为宜。如果沿街布置，应尽量利用街角、街边，特别是道路弯转处的两侧或反弓的外侧，可兼顾化解因道路反弓带来的不利影响，充分利用不宜建筑的地段。同时，兼顾与城市总体绿化体系相联系。小游园如果偏向一边或一角，则宜适当分开设置，以方便居民。

（2）分区要合理

居住区小游园应按主要服务对象进行布置。儿童活动区与成人活动区应当分开布置，避免干扰。在不佳景观方向（如烟囱等处）应植密林或置假山石加以屏障（障景）。在优美景观方向（远处山林、亭阁等处）应适当留出视廊或置园林小品加以框景（借景）。在小游园内以园林植物为主，但应有充足的活动场地，便于游憩和晨练。小游园内的游路应成环，往返自由，避免断头路和往返路。小游园内应有小广场，便于集聚晨练和居民交往。这种园内广场，应布置在林木中间，不宜向着居民住宅门窗开敞。

（3）设施要精细

游园内的花坛、水池形状多变，但避免转角尖锐，在转角处应以弯曲圆转为宜。

（4）植物配植要得当

以当地适生植物为主，确保成活率和养护合理性。

2. 植物选择注意事项

（1）应当选择旺盛的乡土树种；

（2）应当选择少病虫害、抗性强、耐瘠薄的植物；

（3）应当选择树冠大、遮荫效果好的大、中乔木，如北方的槐、榆、椿，南方的樟树、悬铃木、榉树、栾树等；

（4）植物配置应多种类、多品种，有高低变化，季相明显、色彩丰富，常绿树、彩叶植物如红枫、银杏、黄栌等和花期较长的花灌木如紫薇、石榴和木槿等应综合应用，避免单一；

（5）多利用攀缘植物垂直造景，如北方的地锦、爬山虎、迎春；南方的十姊妹、常春藤、络石、紫藤等；

（6）忌用或少用多飞絮、有毒刺、有刺激性和不良气味的植物，如小叶杨（雌株）、枸骨、十大功劳等；

（7）宜孤植、对植和丛植以及群植，除行道树和绿篱外，一般避免行列和等距规则种植（图3-6）。

图3-6
某居住区小游园种植
平面

3.2.2 组团绿地

组团绿地是直接靠近住宅的公共绿地，通常是结合居住建筑布置，服务对象是组团内居民，主要为老人和儿童就近活动、休息提供场所。其主要特点是服务半径小、使用率高。

有的居住区不设中心游园，而以分散在各组团内的绿地、路网绿化、专用绿地等形成居住区绿地系统，也可采取集中与分散相结合，点、线、面相结合的原则，以住宅组团绿地为主，结合林荫道以及庭院和宅旁绿化构成一个完整的绿化系统。每个团组由 6～8 栋住宅组成，高层建筑可少一些。绿地入口设置在人流量集中的位置。可扩宽园路形成铺砖广场或采用花池式植物造景等作为入口的标志，以吸引居民。每个组团的中心有一块约 1300m² 的绿地，形成开阔的内部绿化空间，创造了家家开窗能见绿，人人出门可踏青的富有生活情趣的居住环境。

1. 组团绿地位置

组团绿地的位置根据建筑组群的不同组合而形成，可有以下几种方式。

（1）周边式住宅之间（图 3-7）。环境安静，比较封闭，有较强的庭院感。

（2）住宅间距扩大处（图 3-8）。扩大住宅的间距布置，可以改变行列式住宅单调狭长的空间感，一般将住宅间距扩大到原间距的两倍左右。

（3）行列式山墙之间（图 3-9）。打破了行列式山墙间形成的狭长胡同的感觉，组团绿地又与庭院绿地互相渗透，扩大绿化空间感。

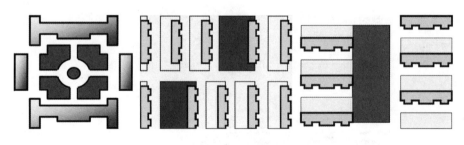

图 3-7（左）
周边式住宅之间
图 3-8（中）
住宅间距扩大处
图 3-9（右）
行列式山墙之间

（4）住宅组团一角（图 3-10）。利用不便于布置住宅建筑的角隅空地，能充分利用土地，由于在一角，加长了服务半径。

（5）两组团之间（图 3-11）。布局较规则，在有限空间中提高了利用率。

（6）居住建筑临街一面布置（图 3-12）。使绿化和建筑互相衬映，丰富了街道景观，也成为行人休息之地。

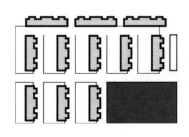 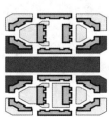 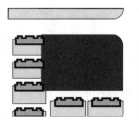

图 3-10（左）
住宅组团一角
图 3-11（中）
两组团之间
图 3-12（右）
临街处布置

（7）自由式布置的住宅，组团绿地穿插其间（图3—13）。组团绿地与庭院绿地结合，扩大绿色空间，构图亦显得自由活泼。

（8）结合公共建筑布置，使组团绿地同专用绿地连成一片，相互渗透，扩大绿化空间感。

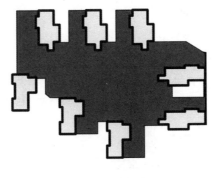

图3—13
穿插于住宅之间

2. 组团绿地的布置方式

（1）开敞式。即居民可以进入绿地内休息活动，不以绿篱或栏杆与周围分隔。

（2）半封闭式。以绿篱或栏杆与周围有分隔，但留有若干出入口。

（3）封闭式。绿地为绿篱、栏杆所隔离，居民不能进入绿地，亦无活动休息场地，可望而不可即，使用效果较差。

另外组团绿地从布局形式来分，有规则式、自然式和混合式（图3—14）三类。

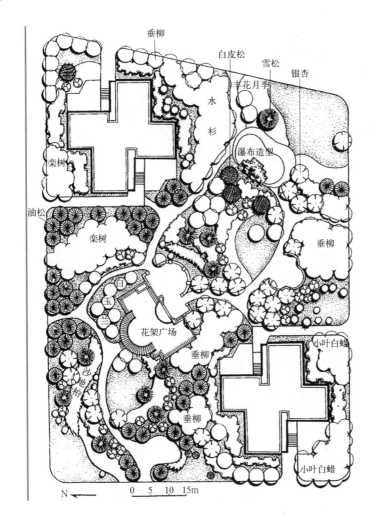

图3—14
某居住区组团绿地平面

3.2.3 宅旁（间）绿地

宅旁绿地属于居住建筑用地的一部分，是居住区绿地中重要的组成部分。宅旁绿地是住宅内部空间的延续和补充，与居民日常生活息息相关。结合绿地可开展儿童林间嬉戏、品茗弈棋、邻里交往等各种活动，可较大程度地缓解现代住宅单元楼的封闭隔离感，可协调以家庭为单位的私密性和以宅旁绿地为纽带的社会交往活动（图3-15）。

1. 宅旁绿地的特点

（1）贴近居民，领域性强。宅旁绿地是送到家门口的绿地，其与居民各种生活息息相关，具有通达性和实用观赏性。宅旁绿地属于"半私有"性质，常为相邻的住宅居民所享用。

（2）绿化为主，形式多样。宅旁绿地通常面积较小，多以绿化为主（图3-16）。宅旁绿地较之居住区公共集中绿地相对面积较小但分布广泛，且由于住宅建筑的高度和排列的不同，形成了宅间空间的多变性，也就形成了丰富多样的宅旁绿化形式。

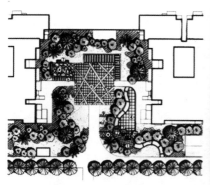

图3-15（左）
宅旁绿地平面
图3-16（右）
宅旁绿化形式

（3）以老人、儿童为主要服务对象。宅旁绿地的最主要使用对象是老人和儿童，满足这些人群的游憩要求是宅旁绿地绿化景观设计首要解决的问题，绿化应结合老人和儿童的心理和生理特点配植植物，合理组织各种活动空间、季相构图景观。

2. 宅旁绿化要求

（1）满足居民全方位的身心活动的需要，追求实用效果，营造人文关怀的景观内容。

（2）宅旁绿化应根据不同的环境选择适宜的植物种类创造景观，营建良好的社区环境。

（3）因地择树，符合场所特点。宅旁绿化应根据住宅的类型、居住建筑的平面关系、层数的高低、间距大小、向阳或背阴等不同环境进行设计。居室南面应考虑通风采光的要求，高层建筑的宅旁绿化则要考虑背阴面的特殊要求。

（4）装点建筑，绿地内外互相渗透。绿化景观与住宅建筑形式协调，使树种的形态、大小、高度、色彩、季相变化与庭院的大小、建筑的层次相协调。

注意内外绿化景观的结合过渡，使宅旁绿地与相邻道路绿化、公共绿地的组团绿地、中心游园等小区绿地景观相互渗透，形成良好整体效果。

3. 宅旁场地类型

(1) 树林型：小乔木或花灌木组成的单纯林。

(2) 游园型：可以游览、散步的公共花园（图3-17）。

(3) 棚架型：在庭院入口、住宅楼单元入口处设花架，掩映入口（图3-18）。

(4) 草坪型：以草坪为主，点缀少量花灌木树丛和多年生草花。

图3-17（左）
游园型宅旁绿地
图3-18（右）
棚架型宅旁绿地

3.3 功能性场所景观设计

3.3.1 健身运动场

居住小区的运动场所分为专用运动场和一般的健身运动场。

专用运动场多指网球场、羽毛球场、门球场和室内外游泳池，这些运动场应按其技术要求由专业人员进行设计。健身运动场应分散在方便居民就近使用，又不扰民的区域。不允许有机动车和非机动车穿越运动场地。

健身运动场包括运动区和休息区。运动区应保证有良好的日照和通风，地面宜选用平整防滑、适于运动的铺装材料，同时满足易清洗、耐磨、耐腐蚀的要求。室外健身器材要考虑老年人的使用特点，要采取防跌倒措施。休息区布置在运动区周围，供健身运动的居民休息和存放物品。休息区宜种植遮阳乔木，并设置适量的座椅。有条件的小区可设置直饮水装置。

要求环境安静，有一定的活动场地或小广场。交通噪声对其干扰小，健身器械安全、合理，易于控制和识别，满足居民散步、运动等健身活动需求，而且休憩设施设置合理（图3-19）。

3.3.2 休闲广场

休闲广场应设于居住区的人流集散地（如中心区、主入口处），面积应根据居住区规模和规划设计要求确定，形式宜结合地方特色和建筑风格考虑。广场上应保证大部分面积有日照和遮风条件（图3-20）。

图 3-19 （左）
某小区健身运动场
图 3-20 （右）
某居住区的休闲广场
设计

广场周边宜种植适量庭荫树和设置休息座椅，为居民提供休息、活动、交往的设施，在不干扰邻近居民休息的前提下保证适度的灯光照度。

广场铺装以硬质材料为主，形式及色彩搭配应具有一定的图案感，不宜采用无防滑措施的光面石材、地砖、玻璃等。广场出入口应符合无障碍设计要求。

3.3.3 儿童游戏场

儿童游乐场是居住区户外场地的重要组成部分，在景观绿地中划出固定的区域，一般为开敞式，设立专门的儿童游乐设施。游乐场地必须阳光充足，空气清洁，能避开强风的袭扰。应与居住区的主要交通道路相隔一定距离，减少汽车噪声的影响并保证儿童的安全。游乐场的选址还应充分考虑儿童活动产生的嘈杂声对附近居民的影响，以离开居民窗户10m远为宜（图3-21）。

图 3-21
阳光草坪和儿童游戏区

不同年龄组的儿童，其活动能力和内容不同。在同一年龄组的儿童，其爱好也不尽相同。儿童游戏场的设计要具有较强的吸引力，内容与形式要符合儿童活动特点与规律。见表3-1。

1. 儿童游戏场地的特点

自然的充满情趣的活动空间。自然、安全、舒适、纯真、艳丽、无障碍，具有相当的面积，围合成相对独立的空间（图3-22、图3-23）。同时，在儿童游戏场，要通过少量不同树种的变化，便于儿童记忆、辨认场地和道路。

不同年龄组的游戏行为 表3-1

年龄	游戏种类	结伴游戏	游戏范围	自立度	攀、登、爬
婴儿期	沙坑、广场、椅子等静的游戏，固定游戏器械	单独玩耍，偶尔和别的孩子一起玩	在住宅附近，亲人照顾	在分散游戏场有半数可自立，集中游戏场可自立	不能
幼儿期	喜欢变化多样的器具，四岁后玩沙较多	参加结伴游戏，同伴人逐渐增多	在住宅周围	分散游戏场可以自立，集中游戏场完全能自立	部分能
学龄期	开始出现性别差异，女孩利用游戏器具玩，如跳橡皮筋、踢毽子等，男孩喜捉迷藏等运动性强的活动	同伴人多，有邻居、同学、朋友等	可在距住宅较远的地方玩	有一定的自立能力	能

图3-22（左）
常州某小区儿童游乐空间
图3-23（右）
儿童游乐场地

2. 儿童游戏场地的基本类型

（1）较大规模，用地在0.15hm²以上：可设置体育器械，布置于几组居住建筑间的开阔地带。如街区的一角，车行道一侧或次要车行道与步行道之间，与公共绿地相邻等。

（2）中等规模，用地在0.15hm²以内：可设置一定的儿童游戏器械，多布置于居住建筑之间。如居住组团绿地的一部分，行列住宅的山墙处，错列布置的住宅间，扩大的两栋住宅间等。

（3）小型规模，用地面积极小的：一般设在两栋住宅之间或居住建筑围合的院落内。

3. 儿童游戏场设计基本原则

（1）儿童游乐场设施的选择应能吸引和调动儿童参与游戏的热情，兼顾实用与美观。游戏设备要丰富多样，场地要围合、宽阔。色彩可鲜艳，但应与周围环境相协调。

（2）在住宅入口集中区域就近配置，因为幼儿喜欢在住宅入口附近玩耍，必要时可将入口铺装面积加宽，以供儿童活动。

（3）儿童有"自我为中心"的特点，在游戏时往往不注意周围车辆和行人，因此儿童游戏场位置或出入口设置要恰当，尺度要适宜，做好安全防护措施，避免交通车辆穿越影响其人身安全。

（4）儿童游乐场周围不宜种植遮挡视线的树木，应保持较好的可通视性，便于成人对儿童进行目光监护。

（5）游戏器械选择和设计应尺度适宜，避免儿童被器械划伤或从高处跌落，可设置保护栏、柔软地垫、警示牌等。

（6）居住区中心较大规模的游乐场附近应为儿童提供饮用水和游戏水，便于儿童饮用、冲洗和进行筑沙游戏等。

4. 儿童游戏场地游戏设施

传统活动设施：沙坑、涉水池、秋千、跷跷板、转椅等。现代活动设施：高低道、浪船、快速游艇、小铁路等。运动设施：球场、溜冰场等。在安静区域或边缘提供休息的小亭、座椅、长凳等设施，宜简练、轻巧、活泼（图3-24）。

3.4 居住区道路景观与地面铺装设计

3.4.1 居住区道路景观

居住区道路不仅是交通通道，往往也是居民散步的场所。道路绿化布置的方式要结合道路横断面、所处位置和地上地下管线状况等进行综合考虑。

1. 主要道路

居住区主干道是联系各小区及居住区内外的主要道路，除了人行外，车辆交通比较频繁。居住区道路红线宽度不宜小于20m，小区道路路面宽6～9m。

行道树的栽植要考虑行人的遮荫与交通安全，在交叉口及转弯处要依照安全三角视距要求进行绿化，保证行车安全。主干道路面宽阔，选用体态雄伟、树冠宽阔的乔木，使主干道绿树成荫，在人行道和居住建筑之间可多行列植或丛植乔灌木，以起到滞尘和隔声的作用，行道树可选择槐树、榉树、香樟等，并结合修建整齐的灌木如石楠、黄杨、海桐、红花檵木等（图3-25），以及利用树池和花池种植开花繁密、花期较长的半支莲、葱兰、鸢尾等地被植物，使街景花团锦簇，层次分明，富于变化。

2. 次要道路

次要道路是联系各住宅组团之间的道路，是组织和联系小区绿地的纽带。这里以人行为主，也常是居民散步之地，树木配植要根据居住建筑的布置、道

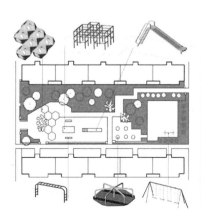

图3-24（左）
儿童游戏设施设置位置及设施设计
图3-25（右）
某居住区主干道绿化

路走向以及所处位置、周围环境等加以考虑（图3-26）。树种选择上可以多选小乔木及开花灌木，特别是一些开花繁密的树种和叶色变化的树种，如合欢、樱花、红叶李、栾树等。每条道路选择不同树种，在一条路上以某一两种花木为主体，形成合欢路、樱花路、栾树路等。

3. 休闲小径

休闲小径是联系各住宅的道路，宽2m左右，供人行走（图3-27）。小路交叉口有时可适当加宽，与休息场地结合布置，也显得灵活多样，丰富道路景观。行列式住宅的各条小路，从树种选择到配置方式采取多样化手法，丰富了住宅绿化的艺术面貌。

图3-26（左）
次要道路
图3-27（右）
某居住区休闲小径

3.4.2　居住区地面铺装设计

在现代生活中，地面铺装的形式多种多样，铺装景观也受到人们的重视。日本著名的景观设计师都田彻指出："地面在一个城市中可以成为国家文化的特殊象征符号。"英国造园家 Nigel Colborn 认为："园林铺装是整个设计成败的关键，不容忽视。应充分加以利用。"

居住区的道路、广场等场地是居住区人们通过和逗留的场所，是人流较多的地方，其地面铺装处理的精细程度直接影响到居住区的整体景观效果。因此，地面铺装设计不仅要解决其基本功能，更要注重与周围环境的协调、地域个性的表现和亲切度。

1. 地面铺装的原则

（1）艺术性原则

主要通过色彩、图案纹样、质感和尺度四个要素的组合产生变化。

地面铺装一般以空间为背景，很少成为主景。其次，地面铺装纹样起着装饰路面的作用，而地面铺装纹样因场所的不同又各有变化。一些用砖铺成直线或平行线的路面，可达到增强地面设计的效果。通常，与视线相垂直的直线可以增强空间的方向感，而那些横向通过视线的直线则会增强空间的开阔感。另外，地面铺装图案的大小对外部空间能产生一定的影响，形体较大、较开展则会使空间产生一种宽敞的尺度感，而较小、紧缩的形状，则使空间具有压缩感和亲密感（图3-28）。

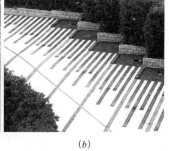

(a)　　　　　　　　　　　　　　　(b)

图 3-28
颇具艺术性的地面铺
装设计

(2) 生态性原则

如果居住区进行大面积的地面铺装，会带来地表温度的升高，造成土壤排水、通风不良，对花草树木的生长也不利。因而，设计中除采用嵌草铺地外，还要注意多应用透水、透气的环保铺地材料（图 3-29）。

(a)　　　　　　　　　　　　　　　(b)

图 3-29
利于花草树木生长的
地面铺装做法

(3) 人性化原则

主要体现为材料的人性化选择。选定的材料要能在步行性、耐久性、经济性、施工可能性等方面都令人满意，以及满足人性化的色彩要求（图 3-30）。

2. 地面铺装的材料

目前，居住区地面铺装材料非常丰富，如广场砖、石材、卵石、木材、碎瓷、缸片等。要么单独使用，要么相互配合。根据不同的环境要求，组成多种风格各异、形式多样、丰富多彩精美图案的铺装。优质的地面铺装往往别具匠心，极富装饰美感。不同材料、质地、纹理、色彩、平面造型和拼构形式等地面元素的运用可以使环境更加丰富多彩（图 3-31）。

图 3-30（左）
地面铺装材料的人性
化设计
图 3-31（右）
不同材料的运用使环
境丰富多彩

3. 地面铺装的注意事项

（1）在居住区进行地面铺装时，要考虑空间的大小。大空间要粗犷些，可选用质地粗大、厚实、线条明显的材料。因为粗糙往往让人感到稳重、沉着、开朗，另外，粗糙表面可吸收光线，不晕眼。而在小空间则应选择较细小、圆滑、精细的材料，细质感给人轻巧、精致、柔和的感觉。

（2）地面铺装色彩常以中性色为基调，以少量偏暖或偏冷的色彩做装饰性花纹，做到稳定而不沉闷，鲜明而不俗气。铺地的色彩应与居住区空间气氛相协调，如儿童游戏场可用色彩鲜艳的铺装，而休息场地则宜使用色彩素雅的铺装。

3.5 居住区水景设计

自然水景与海、河、江、湖、溪相关联。这类水景设计必须服从原有自然生态景观、自然水景线与局部环境水体的空间关系，正确利用借景、对景等手法，充分发挥自然条件的特点。形成的纵向景观、横向景观和鸟瞰景观，应能融合居住区内部和外部的景观元素，创造出新的亲水居住形态。

3.5.1 水景造型形式

1. 静态水景

居住区环境静态的水景赋予人们稳定、安全、内敛的感觉，能触动人理性地思考。所谓"触景生情"达到"情景交融"的境界。

静态水景的规划设计，必须考虑到生态效应、美学效应、社会效应和艺术品位等方面的综合，做到人与大自然、造景与大自然和谐共存。静止的水面和紊流水可将周围景观映入水中，形成景观的层次和朦胧美感，多以水池表现（图3-32）。

水池在居住区环境水景设计中用途很广。其形式各异，设计风格千变万化，一般可布置在居住区庭院中心、门前或门侧、园路尽端以及与亭、廊、花架等组合在一起。水池中可种植水生植物，饲养观赏鱼和设置喷泉、灯光等。

居住区景观蓄一池清水，配上一些水生植物，便能形成一个消暑降温的绝佳之处；在面积局促的居住区中宜体现静谧悠然的氛围，给人以平缓、松弛的视觉享受，从而营造宜人的生活休息空间，使居住区水景更为丰富多彩（图3-33）。

图3-32（左）
某居住区静态水池
图3-33（右）
静谧悠然的水景设计

（1）生态水池

生态水池是既适于水下动植物生长，又能美化环境、调节小气候，供人观赏的水景。在居住区的生态水池多饲养观赏鱼虫和习水性植物（如鱼草、芦苇、荷花、莲花等），营造动物和植物互生互养的生态环境（图3—34）。水池的深度应根据饲养鱼的种类、数量和水草在水下生存的深度而确定。一般在0.3～1.5m，池边平面与水面需保证有0.15m的高差。水池壁与池底需平整以免伤鱼。池壁与池底以深色为佳。不足0.3m的浅水池，池底可做艺术处理，以显示水的清澈透明。

（2）倒影池

光和水的互相作用是水景景观的精华所在，倒影池就是利用光影在水面形成的倒影，扩大视觉空间，丰富景物的空间层次，增加景观的美感。倒影池极具装饰性，可做得十分精致，无论水池大小都能产生特殊的借景效果，花草、树木、小品、岩石前都可设置倒影池（图3—35）。

图3—34（左）
生态水池
图3—35（右）
倒影池

倒影池的设计首先要保证池水一直处于平静状态，尽可能避免风的干扰。其次，池底要采用黑色或深绿色材料铺装，以增强水的镜面效果。

2. 动态水景

水的动感能令人兴奋，是人与自然之间情结的纽带，是居住区环境富有生机的体现。水体的流动连续性和可观性令人过目不忘。另外，人类对景观的感受并非是每个景观片断的简单叠加，而是景观在时空多维交叉状态下的连续展现。从审美角度来看，防止了"审美疲劳"产生。

动态的水，如瀑、如潮，汹涌澎湃，故产生激昂奔放之感。所以用心欣赏各种各样的水态，就会因人不同，而产生不同的欣赏情趣、情感与启示，这时的水，成了启迪人们丰富多彩的人生哲理思维的媒介。

居住区水景更为能以"亲水景观"楼盘自居而自豪。随着生活水平的提高，人们向往"小桥流水"如诗如画般的生活环境；向往"碧波荡漾，鱼鸟成群"的自然美景；向往"飞流直下三千尺，疑似银河落九天"的豪放意境。从而使情感得以宣泄，此所谓"借景移情"，达到"天人合一"的境界。

居住区水景常用筑山景的手法通过岩、壁、峡、涧等形态将水引入园景，以寓意河流、小溪、瀑布等。溪涧及河流都属于流动的水体，由其形成的溪和涧，都应有不同的落差，可造成不同的流速和涡旋及多股小瀑布等。这种依水景观的形成，对石的要求很高，特别是石的形状要有丰富的变化，以小取胜，效仿自然，展现水景主体空间的迂回曲折和开合收放的韵律，使人的思维空间得以无限延伸和拓展。

（1）溪流与水渠

无论是稍大的规则式园林，还是自然式庭园，溪流和水渠都增强了园内的装饰性，在当今设计风格的影响下，加上植物和石块的修饰，能使流水表现出多种多样的效果，形成"小桥流水人家"的动人画面（图3-36、图3-37）。

（2）瀑布与跌水

利用天然地形的断岩峭壁、台地陡坡或人工构筑的假山形成陡崖梯级，造成水流层次跌落，形成瀑布或跌水等景观，如图3-38所示。跌水最终的形状和模式都是由所流经的物体决定的，落水的速度和角度也是影响瀑布形式和音响效果的决定因素。

（3）喷泉

喷泉主要是以人工形式在园林中运用，利用动力驱动水流，根据喷射的速度、方向、水花等创造出不同的喷泉状态。因此控制水的流量，对控制水的射流是关键环节。利用喷泉形成动感的景观效果在居住区小型广场中应用较多（图3-39、图3-40）。

不同的地点、不同的空间形态、不同的使用人群对喷泉的速度、水形等都有不同的要求。喷泉景观的分类和适用场所见表3-2。

图3-36
某居住区水渠景观

图3-37
某居住区溪流景观

图3-38
某居住区环境中的瀑布景观

图3-39
某居住小区喷泉景观
（一）

图3-40
某居住小区喷泉景观
（二）

喷泉景观的分类和适用场所 表3-2

名称	主要特点	适用场所
壁泉	由墙壁、石壁和玻璃板上喷出，顺流而下形成水帘和多股水流	广场，居住区入口，景观墙，挡土墙，庭院
涌泉	水由下向上涌出，呈水柱状，高度0.6～0.8m左右，可独立设置也可以组成图案	广场，居住区，庭院，假山，水池
间歇泉	模拟自然界的地质现象，每隔一定时间喷出水柱和汽柱	溪流，小径，泳池边，假山
旱地泉	将喷泉管道和喷头下沉到地面以下，喷水时水流回落到广场硬质铺装上，沿地面坡度排出。平常可作为休闲广场	广场，居住区入口
跳泉	射流非常光滑稳定，可以准确落在受水孔中，在计算机控制下，生成可变化长度和跳跃时间的水流	庭院，园路边，休闲场所
跳球喷泉	射流呈光滑的水球，水球大小和间歇时间可控制	
雾化喷泉	由多组微孔喷泉组成，水流通过微孔喷出，看似雾状，多呈柱形和球形	庭院，园路边，休闲场所
喷水盆	外观呈盆状，下有支柱，可分多级，出水系统简单，多为独立设置	园路边，庭院，休闲场所
小品喷泉	从雕塑伤口中的器具（罐、盆）和动物（鱼、龙）口中出水，形象有趣	广场，群雕，庭院
组合喷泉	具有一定规模，喷水形式多样，有层次，有气势，喷射高度高	广场，居住区，入口

（4）涌泉

涌泉在自然式庭院水景中应用较多，并结合桥、亭及植物进行造景。不同形体、高低错落的涌泉模拟自然，倍感亲切（图3-41）。

（5）组合水景造型

在居住环境空间内，为了增加水景应用的艺术性、趣味性及多样性，常将各种喷泉水流形态进行综合搭配组合（图3-42），如果按排定程序依次喷水，配以彩灯变换，便可构成程控彩色喷泉。若再用音乐声响控制喷水的高低、变换角度，即构成彩色音乐喷泉景观。但是，这种方式一般用于规模较大的城市广场。居住区中除非有较大面积的公共空间，否则一般不宜采用。

（6）泳池水景

泳池水景以静为主，营造一个让居住者在心理和体能上放松的环境，同时突出人的参与性特征。居住区内设置的露天泳池不仅是锻炼身体和游乐的场所，也是邻里之间的重要交往场所。泳池的造型和水面也极具观赏价值，如图3-43所示。

图3-41（左）
小区入口以涌泉为主的水景造型
图3-42（右）
某居住区组合水景设计

图 3-43（左）
某居住区游泳池
图 3-44（右）
涉水池设计效果

居住区泳池设计必须符合游泳池设计的相关规定。泳池平面不宜做成正规比赛用池，池边尽可能采用优美的曲线，以加强水的动感。泳池根据功能需要尽可能分为儿童泳池和成人泳池，儿童泳池深度为 0.6～0.9m，成人泳池为 1.2～2m。儿童池与成人池可统一考虑设计，一般将儿童池放在较高的位置，水经阶梯式或斜坡式跌水流入成人泳池，既保证了安全又可丰富泳池的造型。

池岸必须作圆角处理，铺设软质渗水地面或防滑地砖。泳池周围多种灌木和乔木，并提供休息和遮阳设施，有条件的小区可设计更衣室和供野餐的设备及区域。

（7）涉水池

涉水池可分为水面下涉水和水面上涉水两种。水面下涉水主要用于儿童嬉水，其深度不得超过 0.3m，池底必须进行防滑处理，不能种植苔藻类植物。水面上涉水主要用于跨越水面，应设置安全可靠的踏步平台和踏步石（汀步），面积不小于 0.4m×0.4m，并满足连续跨越的要求，如图 3-44 所示。上述两种涉水方式均应设水质过滤装置，保持水的清洁，以防儿童误饮池水。

3.5.2　水景设计要点

1. 水景设计需考虑的因素

居住区景观水体，多考虑"小"或"曲"的水体设计，理水的形式是与整个居住区景观的面积、地形、地势等环境因素有关，具体要考虑以下几点：

（1）与场地的关系

场地适不适宜做水景？适宜做哪种水景？有没有足够的空间可以做水池？有没有地形的高差可以利用？居民会从什么角度观赏此景？水中的倒影是否美妙有趣？池旁有无优美景物或不雅观的建筑物？充分考虑场地条件；水景最好建在离供电设备和水源比较靠近的地方。

（2）与建筑的关系

一般情况下，水体应该和住宅建筑有一定的距离，这样通过对岸线的处理、过渡空间中场地景观的设计，使水体生动活泼，使建筑环境自然亲切。

（3）与道路的关系

道路系统作为小区的硬质铺面，与绿化、水体所形成的软质铺面相辅相成。且道路是小区动态的景观流线，也是观水赏景的重要场所。所以在环境景观设计中一定要掌握水景与道路的关系，平抑张扬，开敞封闭，有节有序。

2. 水体设计要点

水景设计的要点一是水质，二是水形。在造型的同时，更要对水循环、净化、补充等一系列问题进行考虑，真正做到"绿色"、"生态"，才能可持续发展。

3.6 居住区园林建筑小品设计

园林小品既能美化环境，丰富园区，为游人提供文化休息和公共活动的方便，又能使游人从中获得美的感受和良好的教益。同样，小品在居住区环境景观中具有举足轻重的作用，精心设计的小品往往能成为人们视觉的焦点和小区的标识。居住区建筑小品设计应从使用功能出发，在整体环境的统一要求下，与建筑群体和绿化种植密切配合。

居住区可选择的小品有亭、廊、花架、花坛、景墙等。

3.6.1 亭

亭是园林中点缀风景，供游人驻足休息、纵目眺望、纳凉避雨的游憩性建筑，也是我国园林中运用得最多的一种建筑形式，它具有体量小巧，独立、完整，造型、选材、布局灵活多样，施工方便等特点。

亭常与山、水、绿化结合起来组景，并作为"点景"的一种手段。在我国古代，人们很早就开始运用亭。在现代，亭既作为人们休憩的场所，又是景观中的点睛之笔。它的尺寸、形式、色彩、题材等都需与居住区的景观相适应、相协调。居民在亭中休息时有景可赏、有景可观（图3-45）。

图3-45
居住区环境中的亭子

亭子位置的选择，一方面是为了观景，位置应选在观赏视线好的地方，即供游人驻足休息，眺望景色；另一方面是为了点缀风景，体量、造型、材料、色彩等应与周围环境协调，具体应根据功能需要和环境地势来决定。

现代亭的造型更为活泼自由，形式更为多样，例如平顶式亭、伞亭、蘑菇亭等。

3.6.2 廊

廊是指屋檐下的过道或独立有顶的通道，在传统园林中被广泛地应用（图3-46）。它除了能遮阳、避雨、供休息外，其主要作用在于联系建筑，组织、分隔空间，组织游赏路线，此外还有透景、隔景、框景等作用。廊有空透和布局转折随意的特点。

现代意义的廊不仅作为个体建筑连接室内外的手段，而且还常成为各个建筑之间的联系通道，是景观中游览路线的组成部分。它既有遮阴避雨、休息、交通联系的功能，又起组织景观、分隔空间的作用（图3—47、图3—48）。

图3—46（左）
廊
图3—47（中）
景观廊
图3—48（右）
景观廊效果

3.6.3 花架和花坛

花架是指供攀缘植物攀爬的棚架（图3—49）。花架是中国园林特有的一种园林建筑，是建筑与植物紧密结合、最接近自然的园林景观。花架造型灵活，富于变化，可供人休息、观赏，还可划分空间、引导游览、点缀风景。

花架在居住区环境设计中往往有亭、廊的作用。作点状布置时，

图3—49
花架

就像亭子一样，形成观赏点，并可以在此组织对环境景色的观赏；作长线布置时，就像游廊一样，能发挥建筑空间的脉络作用。也可以用来划分空间，增加风景的深度。而花架的空间更为通透，特别是绿色植物及花果的点缀，使居住景观与环境相互渗透。

花架的形式有点式、廊式；直线形、曲线形、闭合形、弧形；单片式、网格式等。

花坛对后期维护要求较低，装饰效果相当不错。所以作为点景物被广泛用在庭院之中。同时，由于花坛的景观效果并不仅仅在于里面的花草，花坛本身也具有美化环境的作用，故而花坛的造型也需要精心设计。

3.6.4 景墙和装饰柱

园林中的墙有围合及分隔空间、组织游览路线、衬托景物、遮蔽视线、遮挡土石、装饰美化等作用，是园林重要的空间构成要素之一。它与山石、花木、窗门配合，可形成一组组空间有序、富有层次、虚实相应、明暗变化的景观效果（图3—50）。

在设置时，景墙主要用于分隔空间、丰富景致层次及控制、引导游览路线等，是空间构图的一项重要手段。景墙的设计首先要选择好位置，景墙用于

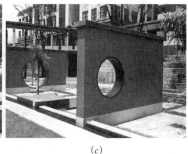

(a)   (b)   (c)

图 3—50
居住区环境中的景墙
设计

分隔空间时，一般设在景物变化的交界处，或地形、地貌变化的交界处，使景墙的两侧有截然不同的景观。其次，为了避免墙面过分闭塞，常在墙上开设漏窗、洞门、空窗等，形成虚实、明暗的对比。在不宜开洞的墙上可题诗作画，或植大树使树木光影映在墙上，打破枯燥单调的局面。第三，景墙的色彩、质感既要对比，又要协调；既要醒目，又要调和。另外，还要考虑景墙的安全性，选择好墙面的装饰材料及墙头的隐蔽处理。需要注意的是在北方地区，景墙基础要在冻土线以下。

利用景墙进行空间的围合或框景，也可作为居住区文化教育和科技普及的一个重要场所。可以在人群集中或者人流必经之地设置，如居住区中心绿地、居住区组团入口处等。

装饰柱（图 3—51），既是开放性空间，又是限定性空间，增加了居住区景观环境的层次感，往往用于广场或居住区主入口等处。

3.6.5 台阶与坡道

台阶是一种特殊的道路形式，是为解决园林地形高差而设置的。它除了具有使用功能外，由于其富有节奏的外形轮廓，还具有一定的美化装饰作用，构成园林小景。台阶常附设于建筑入口、水边、陡峭狭窄的山上等地，与花台、栏杆、水池、挡土墙、山体、雕塑等共同形成动人的园林美景（图 3—52、图 3—53）。

景观设计时，通过地形的变化，设置台阶增加绿化空间，延长观赏游览的线路，同时可做垂直绿化。另外，地形有高差的环境中，入口处有坡道，坡道上升或过长的均应有平台作为过渡，高点处可设置雕塑。

图 3—51（左）
常州御城小区装饰柱
景观
图 3—52（右）
某居住区台阶设计

图 3-53（左）
某居住区入口坡道与
台阶设计
图 3-54（右）
花钵与花池组合造景

图 3-55（左）
错落有致的种植容器
营造景观
图 3-56（右）
塑料种植容器营造景观

图 3-57
其他种植容器

3.6.6 种植容器

1. 利用花钵与花池或花钵与花钵组合营造景观（图 3-54）。

2. 利用陶、瓷、木、塑料等材质的容器营造景观（图 3-55～图 3-57）。

3.7 居住区绿化树种选择与植物配置

英国造园家 B·Clauston 曾提出"园林设计归根结底是植物材料设计，其目的就是改善人类的生态环境，其他的内容只能在一个有植物的环境中发挥作用"，强调植物景观是园林景观表达的最主要手段。英国风景园林师克劳斯顿指出：园林植物种植应体现在保存性、观赏性、多样性和经济性等四个方面。

3.7.1 树种选择和植物配置的一般原则

1. 树种选择

目前居住区一般人口集中、住房拥挤、绿地缺乏、环境条件比较差，所以在居住区绿化中，除了要符合总的规划和统一的风格外，还要充分考虑选用具有以下特点的树种：

（1）生长健壮、便于管理的乡土树种。在居住区内，宜选耐瘠薄、生长健壮、病虫害少、管理粗放的乡土树种，这样可以保证树木生长茂盛，绿化收效快，并具有地方特色。

（2）冠大荫浓、枝叶茂密的落叶、阔叶乔木。在酷热的夏季，可使居住区有大面积的遮荫，枝叶繁茂，能吸附一些灰尘、减少噪声，使居民的生活环境安静，空气新鲜，冬季又不遮阳光，如北方的槐树、苦楝、椿、杨树，南方的榉树、银杏、悬铃木、樟树等。

（3）常绿树和开花灌木。在公共绿地的重点绿化地区或居住区庭院中，小气候条件较好的地方，儿童游戏场附近，宜栽姿态优美、花色和叶色丰富的植物，如雪松、油松、红叶李、枫树、紫薇、丁香等。

（4）耐阴树种和攀缘植物。由于居住区绿地多处于房屋建筑的包围之中，阴暗部分较多，尤其是房前、屋后的庭院，有1/2是在房屋的阴影部位，所以一定要注意选择耐阴植物，如垂丝海棠、金银木、珍珠梅等。攀缘植物可以弥补绿地空间的不足，既可以美化环境，又可以增加绿化面积，取得良好的生态效益。北方常用的品种有地锦、紫藤等，南方有十姊妹、常春藤、络石等。

（5）具有环境保护作用和经济收益的植物。根据环境条件，因地制宜地选用那些具有防风、防晒、防噪声、调节小气候，以及能监测和吸附大气污染物的植物。

2. 植物配置

一方面强调树种自身的生态习性，另一方面遵循艺术构图法则的同时体现"式"的多样性。即追求生态性和艺术性的统一，并结合现代人对景物的感观需要，确定与居住区小环境和地域大环境息息相关的不同植物的配置类型。总体遵循以下原则：

（1）乔、灌、草结合，常绿和落叶、速生和慢生相结合，配置和点缀一些花卉、草皮，满足生物学特性（图3-58）。

（2）植物选择在统一基调的基础上，树种种类力求多变化、多层次，创造出优美的林冠线和林缘线，打破建筑群体的单调和呆板感。

图3-58
居住区环境植物配置

3.7.2 植物种类和配置形式

在栽植上，除了需要行列式栽植外，一般都避免等距和等高的栽植，可采用孤植、对植、丛植等方式，适当运用对景、框景等古典园林的造园手法，并结合现代人对景物的感观需要创造出千变万化的植物景观。

3.7.3 居住区绿地的植物配置要点

1. 植物与地形的融合

临水植物的选择以小体量为宜，种植以自然式为宜。植物种植以花境的形式表现，选择波斯菊、金盏菊、美女樱、荷兰菊、丛生福禄考、鸢尾、金鸡菊等观花植物；岸边植物可选择如垂柳、垂丝海棠、木瓜和山樱花等小乔木，以自然种植为主；木芙蓉、杜鹃、栀子、碧桃等花灌木自然式种植或结合修剪整齐的金边黄杨、金森女贞、石楠和洒金柏等灌木；驳岸植物可选择迎春、金钟花、美人蕉、菖蒲、石蒜和鸢尾等。

(1) 常见湖边配置景观植物：红枫、水杉、悬铃木、无患子、槭树、香樟。

(2) 池边植物配置常突出个体姿态或利用植物分割水面，增加层次。池边植以柳、碧桃、玉兰、黑松、白皮松；叠石驳岸上配置络石、紫藤、南迎春（云南黄馨）、地锦；岸边种杜鹃、南天竹、山茶、桃叶珊瑚、棕榈、香樟、枫杨、广玉兰、紫薇、马褂木、沿阶草。

(3) 溪、涧散植樱花、玉兰、女贞、南迎春、杜鹃、贴梗海棠。

2. 植物与园路的融合

居住区中的小径或曲或直，总要强调"幽"。其两侧要有较高、较密的树丛作为背景，近处结合花境的设计，多选择玉簪、萱草、吉祥草、万年青、二月兰、郁金香、水仙、红花酢浆草等地被植物或多年生野生花卉，或者禾本科的草本植物，营造素淡、野趣的景观意境，如图3-59所示。

图3-59
植物与园路的融合

规则式园路中，园路是整齐对称的，其线型的宽度是固定不变和对称的。因而习惯种植规则高大乔木并结合修剪整齐的绿篱或整形球重复性种植，营造一种正式、肃静的气氛，彰显秩序感。但植物本身是随季节、年代变化的，这就加强了园林景物中静与动的对比，因而在规则式园路设计中应体现动静有序的景观模式。

自然式园路中，园路曲折迂回。中国古典园林中，曲径往往是通过植物的配置完成的，从而达到曲径通幽的效果，或者体现"竹好还成径，桃夭亦有蹊"的意境。另外，可分段配置不同的园林植物，或用暗香浮动的梅花，或用芳香袭人的桂花，或用娇艳似火的石榴或山茶，其种植呈带状分布，从而构成一个动态的风景序列，这便是"步移景异"的效果。同时给人的空间感由此扩大，正可谓"入狭而得景广"。

健身绿道的植物设计首先应注重乡土植物的应用要反映地域特色。其次，注重园林植物空间的季相变化，其底层可通过草本植物的种植变化营造不同的景观效果。主要的观赏季节以春、秋两季为主，因而重点选择的植物有：垂丝海棠、贴梗海棠、金钟花、桂花和红枫等。再次，注意考虑植物尺度的适宜感、质感和色彩等要素，可选择紫荆、丁香、三角枫、木芙蓉等。另外，高大乔木以落叶为主，夏季遮荫效果好，冬季可感受阳光的温暖。而雪松、黑松等郁闭度较高的常绿树种比例不宜过大。

3.8 庭院空间景观设计

庭院空间是指以住宅建筑为主的外部空间，包括被建筑群包围的外部观赏空间。它是建筑内部空间的自然延伸与补充，与泛指的"园林"有区别又有内在的联系，更接近民居庭院和私家园林的布局特点。

"庭院"可以理解为一种空间。《玉篇》中"庭者，堂前阶也"；"院者，周垣也"。《玉海》中有"堂下至门，谓之庭。"；李咸有诗曰"不独春花堪醉客，庭除长见好花开"；晏殊诗曰"梨花院落溶溶月，柳絮池塘淡淡风"。"庭院"在《南史·陶弘景传》中有"特爱松风，'庭院'皆植，每闻其响，欣然为乐"的诗句。从这些文献中，可以理解庭院就是用墙垣围合的在堂前的空间，这是由外界进入厅堂堂的过渡空间。其中有植物、石景等。庭院四周有墙垣围合，形成比较私密的空间，它的尺度以堂的大小决定。起初庭院只由四周的墙垣界定，后来围合方式逐渐演变成以建筑、柱廊和墙垣等为界面。形成一个内向型的、对外封闭对内开放的空间。

我国传统的庭院空间承载着人们吃饭、洗衣、修理东西、聊天、打牌、下棋、看报纸、晒太阳、听收音机等日常性和休闲性活动。而随着城市的发展，城市土地过度开发，人口过分拥挤，居住密度过大，绿地减少；另外，缺乏合理的城市规划和设计，从而造成人与自然逐渐被隔离。想拥有安静的生活环境、优美的自然环境成为了现代人的奢望。所以，庭院，这种人为的自然空间，再次成为我们的依赖，它在某种程度上满足了我们对自然的需求。

因此，现代建筑的庭院空间所承载人们活动的范围更广，特别是使紧张工作的人们在完成以自身行为为目的的活动的同时，通过视、听、嗅等感官从庭院空间中获得被动式活动。如浇花剪草时享受阳光的照射、清新的空气、花草的芳香等，娱乐时感受休憩设施的舒适和放松、观赏花草树木的自然美、倾听流水声。

从现代使用者来看，庭院可以分为私人庭院和公共庭院。前者小到自家的窗台、阳台、露台，大到别墅中的小花园；而后者则涉及大楼的屋顶绿化、建筑中庭设计等多种景观形式。不管是私人还是公共庭院，使用对象都是人，庭院作为室内空间的延伸提供给人一个休闲娱乐的空间。

庭院式布局的主要功能如下：

（1）空间聚合功能。庭院式布局以庭院作为单体建筑的联结纽带，庭院空间起到了栋与栋之间的联系作用，使得同一庭院内的各栋单体建筑在交通联系上、使用功能上联结成一个整体。

（2）气候调节功能。利用冬夏太阳入射角的差别和朝夕日照阴影的变化，庭院天井与廊檐的结合，可以取得良好的遮阳、纳阳、采光效果。顶界面露天通透，与敞厅等组成效能很高的通风系统。因此，庭院充分发挥了建筑组群内部小气候调节器的作用。

（3）场所调适功能。被围合的庭院空间是组群内部的公共空间和室外空间，起着"露天起居室的作用"。在尺度上既可以缩小到不足 $1m^2$ 的天井，也可放大到超过 3 万平方米的巨大庭院。

3.8.1 庭院空间景观设计内容与设计要素

1. 设计要素

庭院景观要素可以分两种类型：一是建筑、绿化、水体、道路、庭院、设施等物质要素；二是精神文化的构成，即环境的历史文脉等。尤其别墅庭院是两者不可分割的统一体，精神内涵通过物质要素表现出来，物质要素有了精神内涵而具有文化性。中国古代"小桥、流水、人家"的环境

图 3-60
庭院空间

文化意境，道出了居住环境的一种理想模式，揭示了物质与精神构成环境景观内在的必然联系，令人回味无穷，如图 3-60 所示。

2. 设计内容

（1）立意与风格

根据庭院的功能需求、艺术要求和环境条件等因素综合考虑总的设计意图即立意。其立意既关系到设计目的，又是在设计过程中采用各种构图手法的根据。整个设计方案的形成应该是有章可循的，找到其中包含的规律，有助于迅速寻找设计思路，完成设计任务。

庭院有多种不同的风格，可简单地分为规则式和自然式两大类。目前从风格上私家庭院可分为四大类：亚洲的中国式（图 3-61）、日本式（图 3-62），欧洲的法国式（图 3-63）和英国式（图 3-64）。而建筑却有多种多样的风格与类型，如古典与现代的差距，前卫与传统的对比，东方与西方的差异。常见的做法多是根据建筑物的风格来大致确定庭院的类型。

图 3-61（左）
中国式庭院
图 3-62（右）
日本式庭院

图 3-63（左）
法国式庭院
图 3-64（右）
英国式庭院

（2）尺度与比例

尺度是庭院空间内各个组成部分与具有一定自然尺度的物体的比较，是设计时不可忽视的一个重要因素。功能、审美和环境特点是决定庭院尺度的依据，正确的尺度应该和功能、审美的要求相一致，并和环境相协调。该空间是提供人们休憩、游乐、赏景的场所，空间环境的各项组景内容一般应该具有轻松活泼、富于情趣的特点和令人回味的艺术气氛，所以尺度必须亲切宜人。设计中雕塑、亭子和桥等各景观小品的比例很重要，如亭子，若太小就会显得小家子气，容易让人忽略，相反若是太大就会给人很笨重的感觉。

（3）色彩与质感

山石、池水、花木等主要是以其形、色动人。色彩和质感问题除了涉及主体建筑物的各种材质性质外，还包括山石、水、树、雕塑等景物。色彩有冷暖、浓淡的差别，色的感情和联想及其象征的作用可给予人们各种不同的感受。

庭院色彩也是影响庭院风格的因素之一，对色彩规划的一个技巧是根据建筑色彩与周围环境确定庭院的主色调。观叶植物在花园的设计中很重要，在英国等欧洲国家，认为花坛中栽种些观叶植物是很自然的事情。绿色中嵌有白斑的斑叶植物比纯绿色植物明度高，如银叶的雪叶莲、朝雾蒿草等，可将花坛衬托得更明亮，另栽具有橙色、红色及紫色叶的彩叶植物，可形成强烈的对比，增加色调的明快感。此外还可考虑叶形的变化、质感的差异等。夏季是一个开花植物种类繁多的季节，因此，可以进行多样化的色彩组合，用充满野趣的多年生草花来点缀。在夏季即使用色彩明度高的多种花色组合也不会有杂乱之感。例如可以用艳丽的、不同色系的金鱼草配成多个活泼的色块，其间可以点缀一些银叶植物或白花香雪球或浅色的菊科植物等加以中和(图3-65)。

质感表现在景物外形的纹理和质地两方面。质感虽然不如色彩能给人多种感情上的联想、象征，但是质感可以增强气氛，如图3-66所示（私人别墅——生命之旅园）。

(4) 植物设计

园林植物作为营造优美庭院的主要材料，本身具有独特的姿态、色彩、风韵之美。不同的园林植物形态各异，变化万千，既可孤植以展示个体之美，又能按照一定的构图方式配置，表现植物的群体美，还可根据各自生态习性，合理安排，巧妙搭配，营造出乔、灌、草结合的群落景观。

面积较大的宅院可以选择的庭院风格也较广泛，因为面积越大可选的植物种类也越多，搭配方式也可复杂一些，但在种植时必须顾及整体的一致性，避免相互冲突。而狭小的宅院可用面积有限，因此需有周密的配置计划，所栽植的植物种类应少一些。另外，庭院设计中可以大量用植物来增加景点，也可以用植物来遮挡私密空间，同时因为植物的多样性，也可以做出庭院的四季季相。使人们在庭院中能感觉到四季的变化，更能体现庭院的价值。

图3-65
庭院植物色彩配置

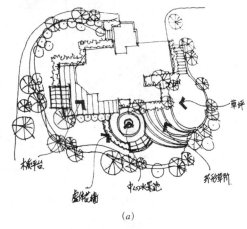

(a)

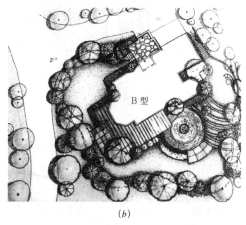

(b)

图3-66
私人别墅——生命之旅园

植物的枝叶呈现柔和的曲线，不同植物的质地、色彩在视觉感受上各有差别，庭院中经常用柔质的植物材料来软化生硬的几何式建筑形体，主要体现在三个方面：墙面绿化、墙角种植和基础种植。

首先，墙面绿化：多数是西边的墙面，可采用爬山虎绿化。一是美观，色彩、形式都美，也可造型；二是降温效果明显，夏季凉爽。

其次，墙角种植：常用南天竹、竹子、八角、棕榈等植物布置角隅。如：海棠春坞用海棠花、垂丝海棠、孝顺竹、沿阶草布置，从而增加生气。可在现代庭院中借鉴，打破生硬的死角。

第三，基础种植：种植花灌木，增加丰富感，打破建筑生硬的横竖大线条。

（5）水体设计

庭院水体的特点是：小，但要做得很精致（图3—67）。在做池时既不能做得太深也不能太浅，还要看使用者的要求，如家有小孩，就要以考虑小孩的安全为主等。

图 3—67
庭院水体设计

庭院水体的用途广泛，可简单归纳为以下三个方面：

首先作为景观主体。如喷泉、瀑布、池塘等，都以水体为题材，水成了庭院的重要构成要素，也带来无穷无尽的诗情画意。

其次，改善庭院环境，调节气候，控制噪声。

图 3—68
庭院生态水池

第三，提供庭院观赏性水生动物和植物生长的条件，为生物多样性创造必需的环境。如各种水生植物荷、莲、芦苇等的种植和鱼等的饲养（图3—68）。

（6）道路及铺装设计

庭院中的道路主要突出窄、幽、雅，如图3—69所示。窄是庭

图 3—69
庭院道路

院道路的主要特点；幽是通过曲折的造型，使人们产生幽深感，使庭院显得宽旷；雅是庭院的最高境界，能做到多而不乱，少而不空，既能欣赏又很实用。庭院的空间有限，道路用地较少，可以利用地形变化返伸来增加道路。道路的线形设计应主次分明、组织交通和游览、疏密有致、曲折有序。为了组织风景，延长观赏路线，扩大空间，使道路在空间上有适当的曲折。

道路布局要根据庭院绿地内容和使用者的容量大小来决定。要主次分明，因地制宜。如地形起伏处道路要环绕山水，但不应与水平行，因为依山面水，活动人次多，设施内容多；地势平缓处的道路要弯曲柔和，密度可大，但不要形成方格网状。

道路的入口起到引导游人进入庭院的作用。一个成功的入口设计在引导人们前进的同时，还会营造出不同的气氛。一条宽阔的道路会使人产生进去闲逛的想法，而一条狭窄的道路则会使人加快行走的速度。在道路中途设置的广

场为游人提供了一个欣赏景色、休息及改变行走方向的地方。因为庭院道路有着表达设计意图的作用，所以，铺装道路的材料的形式与质地十分重要。铺地的形式和路线也起着传递庭院设计者意图的作用：直线、弯角、几何形体现规划式设计的意图；而自然曲线、疏松的铺装和一些不规则的形体以及自然的设计方式则表现了非规则式设计的意图。

庭院不论大小，道路的铺装是必不可少的，一般的庭院小径可用天然石材或者各色地砖、黑白相间的鹅卵石铺就。

同时，庭院内同一空间、道路同一走向，用一种式样的铺装较好。这样，不同地方使用不同的式样铺装，组成庭院铺装体系，达到统一中求变化的目的。实际上，这是以道路的铺装来表达道路的不同性质、用途和区域。一种类型铺装内，可用不同大小、材质和拼装方式的块料来组成，关键是用什么、铺装在什么地方。例如，主要干道、交通性强的地方，铺装要牢固、平坦、防滑、耐磨、线条简洁大方，便于施工和管理。如用同一种石料，变化大小或拼砌方法。小径、小空间、休闲林荫道可丰富一些。

另外，靠近住宅的台阶和小路应该满足人们的各项使用要求：如方便儿童、老人和残疾人的使用。一些很少被利用的道路没必要很宽，可以少设置一些设施，路面应该保持平整，即使是石头铺装的路面也必须保证路面上的桌椅能保持平衡。那些具有较大的摩擦阻力的铺地材料，可以用在较滑的坡地上。

（7）其他景观小品设计

现代整体庭院空间中只有建筑、水体、植物等造景要素并不足够，因为在这个空间里人们需要交流、活动，所以需要把空间中的很多细节处理好，这样才是一个完整的设计。这些细节主要包括各种景观小品，如假山、灯光、座椅、花钵、花台、花架等（图3-70）。

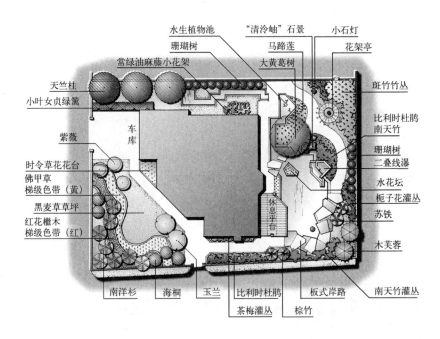

图3-70
庭院空间设计平面图

庭院景观中的小品体量都很小，但在庭院中能起到画龙点睛的效果。这些小品无论是依附于景物还是相对独立，均应经过艺术加工和精心琢磨，才能适合庭院特定的环境，形成剪裁得体、配置得宜、小而不贱、从而不卑、相得益彰的园林景致。运用小品把周围环境和外界景色组织起来，使庭院的意境更生动，更富有诗情画意。从塑造环境空间的角度出发，巧妙地用于组景，以达到提高整体环境与小品本身鉴赏价值的目的。

(8) 休闲娱乐设施

对于许多人来说，庭院最重要的功能是提供休闲娱乐的场所，因此需要配置椅子、桌子、烧烤架以及其他设备，而它们的式样、摆放的位置、所用的材料都会影响庭院的景观。孩子们将在这里玩耍，大人们也会在这里活动，他们需要占地不多的玩具房、秋千、篮球架、平台上画的迷宫，或者网球场等需要占用大量空间的项目。对于许多庭院来说，泳池是"皇冠上的明珠"，不论是作为纯粹的游乐场地，还是作为有益的健身场所，泳池都是无与伦比的。

(9) 附属设施

附属设施主要包括围墙、绿篱和栏杆等。

庭院围墙有两种类型：一是作为庭院周边的分隔围墙；二是院内划分空间、组织景色、安排导游而布置的围墙。这种情况在中国传统园林中经常见到。

庭院围墙设计要点体现在四个方面：

第一，能不设围墙的地方，尽量不设，让人接近自然，爱护绿化。

第二，能利用空间的办法、自然的材料达到隔离的目的，尽量利用。有高差的地面、水体的两侧、绿树丛边都可以达到隔而不分的目的。

第三，要设置围墙的地方，能低尽量低，能透尽量透，只有少量须掩饰隐私处才用封闭的围墙。

第四，使围墙处于绿地之中，成为景观的一部分，减少与人的接触机会，由围墙向景墙转化。善于把空间的分隔与景色的渗透联系起来，有而似无，有而生情，才是高超的设计。

栏杆在绿地中起分隔、导向的作用，使绿地边界明确清晰。设计好的栏杆很具装饰意义，就像衣服的花边一样，栏杆不是主要的园林景观构成，但是量大、长向的建筑小品对庭院的造价和景色有不少影响，要仔细斟酌。如李渔所言："窗栏之制，日异月新，皆从成法中变出，腐草为萤，实且至理，如此则造物生人，不枉付心胸一片"。一般来讲，在草坪、花坛边缘用低栏，明确边界，也是一种很好的装饰和点缀；在限制入内的空间、人流拥挤的大门、游乐场等用中栏，强调导向；在高低悬殊的地面、动物笼舍、外围墙等用高栏，起分隔作用。

选择何种风格的绿篱，主要取决于它的功能、大小、整齐度、背景和色泽等。落叶绿篱不仅洒脱，而且能够形成实实在在的隔墙，密集种植的植物，如山楂，在修剪后显得很有条理。为了将绿篱修剪成各种几何形状，最好能够将结构合理的植物密集种植，像黄杨等叶片相对较小的常绿植物树冠表面最光滑，隔离效果最好，叶片像刺的冬青的密闭性是最差的。如果种植的是紫叶小檗等落叶植物，条理性则不会那么严谨。

当自由生长的植物密集成行种植时，可以作为绿篱，它们可以是竹子、具有一定高度的草、各种类型的矮小灌木。单干型的苹果树也可以修剪成树篱，春天繁花似锦，秋天则硕果累累。

3.8.2　庭院空间的布局形式

中国传统建筑中的庭院空间在明清两代的江南私家园林中表现得尤其充分，其建筑空间形态丰富多样，建筑艺术和园林艺术融为一体。把庭院空间看作是建筑空间的一部分，是建筑功能空间的外在延伸。随着庭院承担的功能和意境的不同，庭院在建筑中或建筑群中的位置不同，也有各自特定的称谓，如"中庭"、"前庭"、"后院"等。

我国传统建筑中，庭院的围合形式有以下几种：

（1）以院墙围合建筑或建筑群的形式。由院墙和建筑构成这种围合形式的单元，当建筑规模增大时，采用单元并置的形式，院墙成为建筑群的边界。

（2）以建筑围合而成的室外空间形成庭院，这是在传统建筑中比较常见的一种围合形式。代表建筑有北京的四合院。

（3）以建筑为主体，周围以柱廊、墙垣等围合的形式。传统的园林建筑多采用这种灵活多变的形式。

（4）以建筑围合建筑，形成庭院。这种形式往往为了突出向心性，建筑与建筑之间以庭院为过渡。很多宗教建筑和宫殿建筑采用这种形式。

在现代住宅建筑中，尤其在新建的住宅小区内，建筑的规模更为庞大，功能要求更为复杂，住宅空间的分工更为严格而细致，这就要求为适应住宅建筑功能的发展而更加丰富建筑空间的划分。

因此，住宅庭院空间的布局，除传统的庭、院、园的格局外，出现了布置在多层建筑中或退台式住宅屋顶上的顶庭、沟通建筑内外空间的穿插庭、点缀室内或室外一角的散点庭以及室内庭院空间等新的布局形式，这些更加丰富了庭院布局形式，满足了功能要求和人们的观赏要求（图3-71）。

3.9　居住区屋顶花园设计

屋顶花园，就是建立在屋顶上的花园，也称为屋顶绿化。具体来讲，屋顶花园是指一切建筑物、构筑物的顶部、天台、露台之上所进行的绿化装饰及造园活动的总称。按照现代居室的绿化要求，屋顶花园还包括阳台、窗台、室内的绿化设计与培植、喷泉雕塑的布置等。它是人们根据屋顶的结构特点及屋顶上的环境条件，选择生态习性与之相适应的植物材料，通过一定的技术手法，从而达到丰富园林景观的一种形式。

屋顶空间是潜在的功能空间，自从它被人们所关注、利用以来，就带给

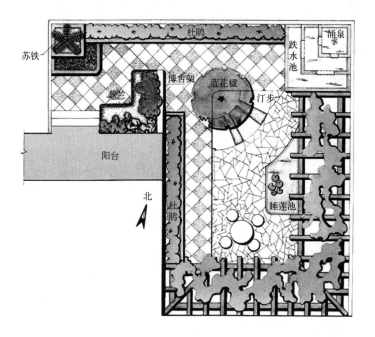

苏铁

杜鹃

跌水池

桶泉

蕙兰

博舌架

蓝花楹

汀步

北

阳台

杜鹃

睡莲池

图 3-71
庭院平面

人们方便和实用。早在 19 世纪 20 年代,现代建筑大师勒·柯布西耶就提出了屋顶花园的概念,认为屋顶花园是新建筑的一个重要的组成部分。并且他认为,屋顶花园"恢复了被房屋占去的地面",增加绿化面积,便于接触自然,这也就意味着屋顶空间有了一种新的利用方式。

在屋顶上造园是一种特殊的园林形式。在屋顶(天台)上造园,一切造园要素都受到支承它的屋顶结构的限制,不能随心所欲地运用造园技巧如挖湖堆山、改造地形等进行营造。但是,屋顶花园毕竟是人们将地面上的"园"升到屋顶(天台)上来的,它具有自身的特征,与露地建园有共同处也有区别。

从造园手法运用上,可运用一般的园林造园构景手法,创造优美的绿色环境;同时,亦受到所处居高临下、场地狭小、四周围绕建筑墙壁所限。脱离开大地联系的屋顶花园(绿化)与地面上的园林相比,既有其优势,也有它的劣势。

屋顶花园的优势主要体现在以下方面:

(1) 高度水分保持。

(2) 空间的利用。将普通的未被使用的屋顶区域设计为屋顶花园,尤其是作为公共娱乐和运动的建筑屋顶,不仅能充分利用宝贵的空间,同时也降低了购买土地的费用。

(3) 动植物栖息的大自然。屋顶花园很少被打扰,环境优美,益虫可以找到一方生存的净土,鸟儿也可以找到一片栖息地。布满屋顶花园的城市就是在都市里建立了适合小动物生存的大自然。

(4) 降低灰尘与烟雾浓度。屋顶花园有助于过滤灰尘和烟雾颗粒,从大气和雨水中吸收危害性物质。

（5）延长屋顶使用寿命。屋顶花园保护防水层不受气候、紫外线以及其他外界条件的影响，这大大延长了建筑的使用寿命。裸露的屋顶在夏天高温时可以达 100℃以上，而夜间降至 20℃以下，这就意味着防水层材料、连接处和其他材料都处在极度疲劳的状态。由于系统所具备的蒸发、阴凉和大气循环的冷却效应等功能，屋顶花园最高温度为 25℃（北方地区），并且降温缓慢。

（6）降低噪声。屋顶花园至少可以减少 3 分贝噪声，同时隔绝噪声效能达到 8 分贝。这对于某些位于机场附近或有喧闹的迪斯科舞厅等大型设备的建筑来说最为有效。

3.9.1 屋顶花园的设计原则

屋顶花园的规划设计总体应满足使用功能、绿化效益、园林艺术和经济安全等方面的要求，"实用、精美和安全"是营造屋顶花园的重要要素。

3.9.2 屋顶花园的主要类型

目前，屋顶花园按照不同的分类方式有不同的类型。

1. 按屋面使用要求划分

可分为以下四种：休闲屋面、生态屋面、种植屋面和复合屋面。

（1）休闲屋面的屋顶进行花园设计时，主要通过建造园林小品、花架、廊、亭以营造休闲娱乐、高雅舒适的空间，为人们提供一个全新的休闲放松场所。此类空间的活动需要有人的参与，而人的活动也必然会对该空间的发展变化造成一定的影响。

（2）生态屋面不但能有效增加绿地面积，更能有效维持自然生态平衡，减轻城市热岛效应。当下，生态型建筑已逐渐成为建筑的主流。生态屋面上覆盖绿色植被，并配有给水排水设施，使屋面具备隔热保温、净化空气、降低噪声、吸烟滞尘等功能，对于建筑构造层也起到良好的保护作用。

（3）种植屋面栽植的植物多为农作物。由于屋顶光照时间长、昼夜温差大、远离污染源，所种的瓜果蔬菜含糖量比地面提高 5%以上，碳水化合物十分丰富。所以目前建于屋顶用作科研生产的温室大量出现，一些家庭的屋顶花园也倾向于此类屋面。

（4）复合屋面是集"休闲屋面"、"生态屋面"、"种植屋面"为一体的屋面，表现为在一个建筑上既有休闲娱乐的场所又有生态种植的形式。该类型屋面是一种针对不同样式的建筑所采用的综合性屋面模式。

2. 按屋顶形式划分

（1）坡屋面绿化

坡屋面建筑的屋顶分为人字形坡屋面和单斜坡屋面两种。在一些低层建筑屋面上可以采用适应性强、栽培管理粗放的藤本植物，如爬墙虎或栽植草皮。四周绿化可以选用枝叶垂挂的植物美化建筑。

（2）平屋面绿化

屋顶坡度在10%以下的被称为平屋顶。排水坡度多在2%～3%之间。平屋顶是现代建筑中较为普遍的一种形式，它是发展屋顶花园最有潜力的部分。平屋面绿化大致可分为以下几种：

第一种，盆栽式（图3-72）。此类种植绿化主要以盆栽形式表现，机动性大，布置较为灵活，这种方式常被家庭采用。

第二种，苗圃式。苗圃式屋顶主要表现在种植屋面。此类屋顶可以根据其特点从生产效益出发，将屋顶作为生产基地，种植果树、蔬菜、花本和农作物等。另外，可以在农村利用屋顶扩大副业生产，取得经济效益。

第三种，周边式。周边式屋顶通常适用于住宅楼和办公楼的屋顶花园。一般布置形式为沿屋顶女儿墙四周设置槽深约0.3～0.5m的种植槽。种植槽的槽宽根据植物材料的数量和需要来确定，种植槽宽度在0.3～1.5m。

第四种，庭院式（图3-73、图3-74）。庭院式是屋顶花园中较高级别的形式，里面设有树木、花卉、地被，并配有适量的园林建筑小品，如水池、花架、小型家具等。这类形式屋顶花园多适用于宾馆和酒店，也适用于企事业单位及居住区的公共建筑。

3. 按照空间组织分类

（1）开敞式屋顶花园

开敞式屋顶花园是指在单体建筑的屋顶上建造的花园，其屋顶四周不与其他建筑相连，为一座独立式的空中花园（图3-75）。开敞式屋顶花园的特点是视野比较开阔，通风条件好，

图 3-72
盆栽式

图 3-73
庭院式（一）

图 3-74
庭院式（二）

图 3-75
常州新北公园屋顶花园

日照充足等。多数情况下，多层住宅、办公楼、地下车库以及地下广场上的屋顶花园属于此种类型。

（2）半开敞式屋顶花园

此类屋顶花园是指一面或多面被建筑物的墙体或门窗包围的屋顶花园，（图3-76）。从建筑的形式上看，一般建筑的裙楼、挑出的平台或一些阶梯式建筑的层层退台上建造的花园多属此类，这类屋顶花园多为宾馆、医院或私家的空中花园。半开敞式屋顶花园有助于改善室内环境条件，也可为同层建筑的室内提供良好的室外观景效果，以此提升居住档次。例如：巴尔的摩内港东区的 The Vue 屋顶花园。

（3）封闭式屋顶花园

这类屋顶花园是被四周围高于它的建筑所包围，形成的向心型花园（图3-77）。一般难以接受自然光照，因而需要人工光源，植物多选用耐阴植物。而且花园四周的建筑物不宜太高，一般以两到三层为基准，否则不但对花园内植物生长不利，还会使人们产生沉闷或压抑感。这类花园主要是为其四周的建筑服务的，在设计时需结合考虑其周边建筑的形式及服务功能等要求。

图3-76（左）
半开敞式屋顶花园
图3-77（右）
封闭式屋顶花园

4. 按照所在楼层位置分类

（1）地下建筑的屋顶花园

此类屋顶花园以花园或露天广场的形式，建造在地下建筑的上方，起到遮掩下方建筑的作用，能够将地下建筑与其周围的地面很好地融合在一起，这种花园十分有助于保持该地段原有的景观特色。目前，地下车库的屋顶花园已经受到越来越多社区的青睐，该地块如得到合理的规划设计，将会弥补小区绿地不足的缺陷，成为居民活动、休闲的又一好去处。

（2）单层建筑的屋顶花园

单层建筑上的屋顶花园，主要为周围多层或高层的建筑提供良好的俯视景观。花园的景观营造，主要起到绿化和美化环境的目的。

（3）多层建筑的屋顶花园

多层建筑上的屋顶花园，包括独立式屋顶花园和高层建筑裙楼屋顶花园两类。它们后期管理方便，并且服务面积大，改善、美化城市环境的效果显著，在城市中应用得较多。

（4）高层建筑的屋顶花园

高层建筑上的屋顶花园，主要以轻质型的人工合成土种植一些浅根植物，以满足生态效应。此类屋顶花园的服务面积小，环境限制条件多，技术要求高，建造难度也大，同时由于楼层较高，四周还要加设防护设施。

5. 按照建筑屋面承载能力分类

（1）拓展型屋顶花园

拓展型屋顶花园静荷载约为 140kN/m²，主要是针对承载力弱的轻型屋面，大部分为不上人屋顶。此类屋顶花园根据建筑荷载小的特点，主要选用覆土量少的草坪、地被、小型灌木以及攀缘植物进行绿化。这类屋顶花园可选用的植被种类多样，搭配上比较注重平面的构图效果。拓展型屋顶花园不但建造速度快、成本低、重量轻，且几乎不用过多的维护，属于目前推广较为普及的一类屋顶花园。

（2）半密集型屋顶花园

半密集型屋顶花园属于中型屋顶花园，主要针对承载力较强的屋顶，其厚度比拓展型屋顶花园要厚，一般建筑静荷载为 250kN/m²。半密集型屋顶花园的植物选择范围较广，除高大乔木外，其他各类植物都能选用。此类屋顶花园常用于面积较大的屋顶，例如酒店、宾馆等。它能使建筑屋顶景观空间层次更加丰富，并通过植物配置产生丰富的景观效果。

（3）密集型屋顶花园

密集型屋顶花园是一种组合式的屋顶花园（图 3-78）。此类建筑屋顶一般可承受的静荷载不低于 500kN/m²，通常可以在植物种植的基础上配置一些园林环境小品、建筑小品等，为观赏者提供休闲、娱乐的空间。此类屋顶花园设计形式较为灵活，主要根据屋顶的荷载量、人流量、周边环境及屋顶性质来确定。在设计中可以把一些重型景观元素设置在屋顶建筑的墙、柱、梁等承重位置。在植物选用上，一般可选余地较大，乔木或灌木都可以选用，可以设计出自然群落的植物景观，产生良好的景观效应和生态效应。在竖向设计上，还可以跟地面绿地一样，塑造一些微地形。此类屋顶花园存在的缺点就是需要经常维护和保养。

6. 按照植物种植形式分类

（1）地毯式，又称粗放型屋顶绿化

整个屋顶或绝大部分屋顶密集种植各种草坪地被或小灌木，屋顶犹如被一层绿色地毯所覆盖，是屋顶绿化中最简单的一种形式。其具有以下基本特征：低养护，免灌溉，土层要求低（10~20cm），负荷小。这种绿化形式的绿化效果比较粗放

图 3-78
密集型屋顶花园

和自然化。

其所选用的植物往往也是一些景天科的植物，这类植物具有抗干旱、生命力强的特点，并且颜色丰富、鲜艳，绿化效果显著。由于地毯屋顶绿化具有重量轻、养护粗放的特点，因此比较适合于荷载有限以及后期养护投资有限的屋顶。我们亲切地称它为"生态毯"。

（2）花围式

整个屋顶布满规整的种植池或种植床，结合生产，种植果树、花木、蔬菜或药材，屋顶种植注重经济效益。

（3）自然式

类似于地面自然式造园种植，有微地形变化的自由种植区，种植各种地被、花卉、草坪、灌木或小乔木等植物，创造多层次、色彩丰富、形态各异的自然景观。

（4）点线式

采用花坛、树坛、花池、花箱、花盆等形式分散布置，沿建筑屋顶周边布置种植池或种植台，是常见的种植形式。

（5）庭院式

类似于地面造园。它属于密集型屋顶绿化，是植被绿化与人工造景、亭台楼阁、溪流水榭的完美组合，其种植结合水池、花架、置石、假山、凉亭等建筑小品，创造优美的"空中庭院"。它具备需要经常养护、经常灌溉的特点。

它是真正意义上的"屋顶花园"。它拥有高大的乔木、低矮的灌木、鲜艳的花朵，植物的选择随心所欲，还可设计休闲场所、运动场地、儿童游乐场、人行道、车行道、池塘和水景观等。

7. 按布局形式划分

屋顶花园是一个系统工程，按布局形式划分可分为：自然式屋顶花园、规则式屋顶花园、混合式屋顶花园。

（1）自然式屋顶花园

自然式屋顶花园讲求植物的自然形态与建筑、山水、色彩的协调配合。植物配置讲究树木花卉的四季生态、高矮搭配、疏密有致。屋顶花园营造中若采取自然式园林的布局手法，一般空间的组织、地形地物的处理、植物配置等均采用自然的手法，以此追求色彩的变化、丰富的层次和较多的景观轮廓，求得一种连续的自然景观组合。

（2）规则式屋顶花园

规则式屋顶花园布局往往注重装饰性的景观效果，强调动态与秩序的对比。植物配置上常采用不同色彩的植物搭配，景观效果醒目，形成有规则的、有层次的、交替的组合，表现出庄重、典雅、宏大的气氛。屋顶花园在规则式布局中，可点缀精巧的小品。结合植物团，常使不大的屋顶空间变为景观丰富、视野开阔的区域，给人们视觉上的享受。

（3）混合式屋顶花园

混合式屋顶花园为求得景观的共荣性，注重自然与规则的协调统一，这

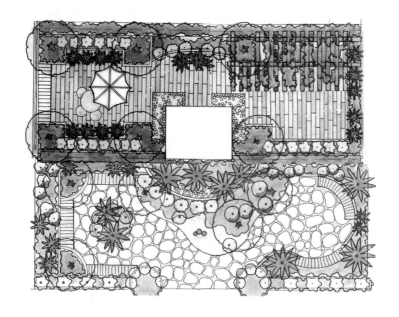

种布局在屋顶花园中使用较多。其空间构成在变化中形成多样的统一，不强调景观的连续，更多地注意个性的变化。混合式屋顶花园根据不同的使用者和使用需求，屋面结构和承载能力，建造的位置，空间和布局等的差异进行布置，大大丰富了城市建筑的"第五立面"景观（图 3-79）。

3.9.3　屋顶花园的设计内容与要点

　　1. 屋面种植设计构成（从上至下）

　　由于屋顶花园的空间布局主要组成要素是自然山水、各种建筑物和植物，按照园林美的基本法则构成景观，因此受到建筑物或者构筑物固有平面的很多限制。屋顶平面多为规则的、狭窄的或者面积较小的平面，屋顶上的景物和植物选配已经受到建筑物本身结构承受的制约。因此屋顶花园与地面造园相比，其设计既复杂又关系到相关工种的协同。建筑设计、建筑构造、建筑结构和水电等工种配合的协调与否是屋顶花园设计成败的关键。不同于地面造园，屋顶花园受到的承重负荷比较多，还有透水渗水问题等，都是在设计中要注意的方面。因此屋顶花园的规划设计是一项难度大、限制多的园林规划设计项目。

　　屋面种植设计分为植被层、基质层、隔离过滤层、排（蓄）水层、耐根穿刺防水层、隔离层、普通防水层、找坡层（找平层）、保温层（隔热层）等。

　　2. 影响屋顶花园设计的关键地域因素

　　（1）气候条件

　　气候的变化会对人们的生理和心理产生极大的影响。一般情况下，屋顶花园设计需要考虑的气候要素，主要是与人体健康密切相关的温度、湿度、日照、通风、降水等，这些要素对于城市和建筑的选址布局、建筑形体、绿化配置、材料的选取等起着决定性的作用，也在一定程度上影响着附属于建筑的屋顶花园。因此，对于一个成功的设计而言，对当地自然环境的把握是一个前提条件。通过对光照条件、空气的温度、湿度及流向，以及动植物的决定性影响来决定人的视觉和触觉感受。

（2）本地材料

不同地域由于地质条件、气候条件的不同，形成了各自的资源特产，例如植物、矿产、土石等，这些都从根本上决定了当地的屋顶花园景观环境的用材、技术等。本地材料的应用是展现地域风格的重要手段。尽量使用当地材料，有利于当地的生态环境，同时使当地的屋顶景观更具个性，更能反映出地域特色。

（3）本土植物

植物是人居环境中一个被高度重视的因素，在绝大多数场所中，特别在景观中起到重要的塑造作用。不同的气候、地质、土壤条件导致植被的类型不尽相同。在屋顶景观设计中，很多是以植物景观为主的，因此设计中反映地域特色的植物的种植设计对屋顶花园设计具有很大的影响。设计中的大量种植设计能否适应地域的各类自然条件，发挥最大的生态环境效益，同时反应地域的本土属性，营造亲人空间，增强地域的场所感，都关系着设计作品的成败。

（4）历史人文

在城市屋顶花园设计过程中，要传承发展地域传统文化，并且能够唤起当地人对地域场所的怀念和情感的认同，使屋顶花园有了存在于此时此地的意义。当然，随着社会的发展和时代的变迁，人们的价值观、社会观和历史观都发生着巨大的变化，对于传统的文化，我们不能一味地、不加以选择地传承，在当今的社会条件下也不可能、不允许不加选择地传承。

3．设计要素

（1）空间布局

建筑顶层的形状一般为长方形，屋顶花园的空间布局一般也呈现出规则式，另外，建筑顶楼的空间是不能随意缩小或扩大的。对于平面布局限制问题，可以通过借景、漏景等方式扩大景观空间的渗透感，而在布局形式上为了打破空间的单一感，可以以曲代直，通过部分遮断产生丰富多变的空间。在空间布局上反映出一个区域的地域特色相对较难，特别是一般屋顶花园没有地形地貌的设计表现，不能明显反映出地域的自然环境。但有些面积比较大的屋顶花园，在平面布局形式上可以直观地反映一个地域的文化特色。

公共游憩型屋顶花园为了满足游人的观赏休憩需求，一般在公共空间区域设计园林建筑。从屋顶花园的建筑形式、材质、色彩以及功能上很容易看出城市的地域文化。

（2）园林建筑

屋顶建筑作为屋顶上的主要点状要素，即主要标志物，成了展现地域文化特色的主体要素。一般屋顶建筑有酒吧、茶吧等商业建筑及亭、廊、花架等休憩型建筑。不同类型的建筑挖掘地域文化的方式也不同，但都可以提取一些当地建筑的文化元素，赋以现代的设计手法，设计成代表地域文化的屋顶建筑。而建筑的内部空间可以丰富多变，满足各种功能要求。在与屋顶花园周围其他建筑的关系上，可以延续周边建筑的风格，成为整体大环境中的一个景点。

（3）景观小品

屋顶花园的小品一般功能简明、造型别致、带有意境、富于特色。包括雕塑、花坛、座椅、灯具、垃圾筒、标志牌等。一方面，它可以为人们提供识别、倚靠、休息等物质功能，另一方面，它具有点缀、烘托、活跃屋顶环境气氛的精神功能。

（4）地面铺装

屋顶花园地面铺装对屋顶的空间布局起着重要的作用，它们可以是规则的，也可以是自然的。一般屋顶花园都采用混合式的铺装形式。铺装的特点就是形态明确，边界清晰，易表现几何图案，如图3-80中的屋顶花园采用了木质铺装结合置石。随着铺装材料的多样化，色彩越来越丰富，发展的潜力也越来越

图3-80
屋顶花园地面铺装

大，屋顶地域特色在铺地中能得到直观的体现。如在城市屋顶花园的地面铺装设计中可以融入城市特有的历史或民俗符号、图案、色彩等，或运用地方材料得到一种历史文化的延续，或是在铺装的整体设计中隐喻更深层的含义。

3.9.4 屋顶花园植物选择与种植

屋顶花园虽是人工建造的园林环境，但在植物选择和配置时不能按个人意愿随心所欲地进行搭配，而是应该在了解植物生态习性、生物学特性和立地环境的基础上进行科学合理的组合与种植，充分表现出植物的自然景观与生态效益。从生态科学的角度来解释园林种植设计，应该是表现出活的生物体与其周围环境的相互关系，以及同依附于同一空间和土壤，并为我们提供粮食和水分的其他各种生命类型的相互关系。

因为屋顶的自然环境与地面以及室内空间差异很大，自然条件比较恶劣，高层楼顶风大，植物都暴露在风雨和太阳光下，所以，总体而言，屋顶花园植物的配置首先要保证成活，以此为指导原则，然后再考虑植物配置的园林特性。

1. 屋顶花园植物的选择原则

（1）首先，考虑植物的生态学特性

1）选择适应种植土浅薄的植物

屋顶植物受到荷载的要求，种植基质越轻薄越好，且为了防止根系对屋顶建筑结构的侵蚀，所选植物应具有浅根性的特点，同时屋顶的种植环境较恶劣，种植基质常缺水肥，所选植物应有较强的适应能力。对于栽培基质要求不

严的，如佛甲草，就可以用普通的基质，减少绿化成本；而对于栽培基质要求较严的，如大叶黄杨、大丽花等，就要用肥力强的基质，以保证植物的成活。

2）选择能耐高温与低温的植物

屋顶昼夜温差大，经常会出现极端气温，因而在选择屋顶植物时主要考虑能否过夏和越冬，所以在选择上优先考虑耐寒性强的植物，如佛甲草、云南黄馨等，及耐高温的植物，如金叶女贞、百日草、万寿菊等。

3）选择喜光或耐阴的植物

屋顶的光照充足，特别是高层建筑的屋顶，少有遮挡，紫外线强度较大，日照长度也比地面显著增加，因此要选择喜光性的植物，如一串红、菊花、石榴、月季等；但同时要考虑到，如果建筑屋顶被其他建筑物所包围，可能常年不受阳光直射，这时就应选择耐阴的植物，如八角金盘、鸢尾、葱兰等。

4）选择耐旱或耐积水的植物

屋顶花园植物的水分来源主要为降雨与人工浇水，无法像地面上的植物可以通过吸收地下水来补充水分，有时瞬间的强降雨会对植物及栽培基质产生巨大的冲刷。因此，如果后期管理跟不上，屋顶植物要么生长在干旱的环境下，要么生长在积水中，所以选择屋顶植物时要综合考虑耐旱与耐积水的特性。耐旱的植物有佛甲草、大叶黄杨、云南黄馨等；耐积水的植物有小蜡、紫藤、凌霄等。

5）选择抗风性强的植物

受屋顶的荷载限制，屋顶花园的植物栽培基质厚度有限，这就决定了植物不能选深根性的，只能浅根性或须根系的，但这类植物根系不深，而建筑屋顶的风速又较大，对抗风很不利，因此除了要采取抗风措施外，往往还要选择抗风性强的植物，如紫薇、桃树、侧柏等。

6）选择抗污性强，可忍受、吸收、滞留有害气体或粉尘的植物

在屋顶花园植物配置时，要优先选用既有绿化效果又能改善环境的植物种类，这些植物对烟尘、有害气体等有较强的抗性，并且能起到净化空气的作用，如女贞、大叶黄杨、茶花等。

(2) 其次，考虑植物的造景特性

1）尽量选择兼具观赏性与多样性的适应本地气候的乡土植物，使屋顶花园景观具有地域特色，同时也适应本地的气候特点，容易成活。同时，还要考虑到屋顶花园的面积一般较小，为了布置得较为精致，也要选用一些观赏价值较高的新品种，做到兼具观赏性与多样性，以提高屋顶花园的档次。

2）多选以低矮灌木、草坪、地被植物和攀缘植物为主的植物，如果有条件可以种植少量小乔木，形成高低错落有致、层次感强的自然植物景观。屋顶绿化考虑到荷载的限制，植株不宜选择高大的乔木，应选用矮小的灌木和草本植物、攀缘植物，以利于植物的运输、栽种和管理。

3）选择以常绿树种为主，冬季能露地越冬的植物。多选用那些叶形和株形秀丽的品种。要使屋顶花园表现得绚丽多彩，体现花园的季相变化，就要适

当选用一些色叶树种和时令花卉，使花园一年常青、四季有花。

（3）最后，考虑屋顶花园植物的后期管理，要选择易成活，易修剪，生长慢，养护要求较低的植物

屋顶花园的植物一般是从苗圃移植来的，宜选择根系不深但是发达的植株，并且要容易成活。由于屋顶承重的限制，植物的生长量要计算入屋顶的活荷载，因此要选择生长慢、易修剪的，这样可以较长时间维持成景的效果，屋顶花园植物的养护管理增加了造园的成本，如果费用太高就不利于推广，因此要选用养护费用较低的植物。

2. 植物选择种类（以北方种植屋面选用的植物为例）

小乔木类，油松、白皮松、蜀桧、龙爪槐、玉兰、紫叶李、樱花、海棠、柿树、山楂、红枫等。

灌木类，大叶黄杨、珍珠梅、金叶女贞、连翘、榆叶梅、丁香、碧桃、迎春、紫薇、花石榴、平枝栒子、黄栌、天目琼花、木槿、八仙花、腊梅、黄刺玫、红瑞木、月季等。

草本花卉，天竺葵、球根秋海棠、金盏菊、石竹、一串红、旱金莲、凤仙花、鸡冠花、大丽花、金鱼草、雏菊、羽衣甘蓝、翠菊、千日红、含羞草、紫茉莉、虞美人、美人蕉、萱草、鸢尾、芍药、葱兰等。

草坪与地被植物，常用的有天鹅绒草、酢浆草、虎耳草等。

藤本植物，洋常春藤、茑萝、牵牛花、紫藤、凌霄、蔓蔷薇、金银花等。

果树和蔬菜矮化类，苹果、金橘、葡萄、草莓、黄瓜、丝瓜、扁豆、番茄、青椒、香葱等。

3. 种植基质

由于受到屋顶承重的限制，屋顶绿化所用的基质与其他绿化的基质有很大区别，要求肥效充足，且为轻质类。种植基质是园林植物在屋顶上生存的基础，只有选择出合适的基质，才有可能构建出成功的屋顶花园。

为了充分减轻荷载，土层厚度应控制在最低限度。一般栽植草皮等地被植物的泥土厚度需 15～20cm；栽植低矮的草花，泥土厚度需 20～30cm；栽植灌木，泥土厚需 40～50cm；栽植小乔木，泥土厚需 60～80cm。

在基质栽培中，栽培的核心是围绕基质进行的，根据基质的物理性质可以将基质分为三大类：第一类为持水性强的，如草炭、泥炭、微纤维等，它们具有很强的保水性能；第二类为空气含量大的，这类基质粒径较大，通气孔隙多，如珍珠岩、岩棉等；第三类为含有易吸湿部分的基质，这类基质多为有机基质，如各种废弃物堆制的产品。

另外，不同的基质也可进行一定的配比，发挥更好的效能。常见的基质配置有以下几种：

（1）泡沫有机树脂制品（容重 30kg/m³）加入体积的 50% 腐殖土；

（2）海绵状开孔泡沫塑料（容重 23kg/m³）加入体积的 70%～80% 腐殖土；

（3）膨胀珍珠岩（容重 60～100kg/m³，吸水后重 3～4 倍）加入体积的

50% 腐殖土；

（4）蛭石、煤渣、谷壳（容重 145～200kg/m³）加入体积的 50% 腐殖土；空心小塑料颗粒加腐殖土；

（5）木屑腐殖土。这是目前应用较大，且又经济的一种基质。一般为 7 份木屑加 3 份普通土或腐殖土。

【思考与练习】

1. 居住区小游园的规划设计要点包括哪些方面？

2. 简述儿童游戏场设计的基本原则。

3. 影响屋顶花园设计的关键地域因素有哪些？

4. 水景设计需考虑哪些因素？

5. 庭院设计的内容包括哪几个方面？

4

单元4 居住区环境配套设施设计

【学习目标】

1. 熟悉居住区环境配套设施所包含的内容；
2. 了解居住区照明系统设施设计的基本知识；
3. 了解居住区安全设施系统、便民公用系统设施设计的基本知识；
4. 掌握居住区环境配套设施设计的基本原则；
5. 在居住区环境设计时能够基本胜任环境配套设施的设计工作。

配套设施是居住区不可缺少的重要组成部分，它是居民日常生活重要的基础设施和物质载体。居住区环境配套设施所包括的内容比较广泛，基本涵盖了居住区环境的各类配套需求，公共服务设施的配套状况决定了居民使用的便利程度，影响着居住生活的质量。

4.1 居住区环境照明设施设计

外环境照明是现代化居住区必不可少的配套设施之一。进行照明设计，必须对照明设备有所了解。目前，有各式各样、花样繁多的室外照明设备供我们选择。这些照明设备既有以功能性为主的，也有以装饰性为主的，还有二者兼具的，既能解决夜间照明，也能美化小区环境。选择灯具的过程本身就是一种设计。

4.1.1 照明设施设计原则

1. 功能性原则

照明设施首要原则便是满足功能需要，针对不同空间、不同场合、不同对象选择不同的照明方式和灯具，并保证恰当的照度和亮度。另外，对灯光颜色的选择也非常重要，冷暖色调的选择不仅应衬托照明的主题，同时要符合项目的氛围特征。

2. 安全性原则

照明设施设计、安装、使用要求绝对的安全可靠，必须采取严格的防触电、防短路等安全措施；对水景观照明尤其慎重，避免意外事故发生。此外，还应注意光污染对健康的损害。

3. 经济性原则

照明设施设计要经济、科学、合理，摒弃华而不实、价格高昂的灯具；采用分时、分段控制的方式，降低能耗；倡导使用节能环保灯具，节约能源。

4.1.2 居住区环境照明灯具

居住区环境照明灯具的品种很多，不仅自身具有较高的观赏性，还强调艺术灯具与居住区文化及周围环境的协调统一。常用的灯具有庭院灯、高杆灯、埋地灯、水下灯、泛光灯、门灯、庭院及建筑外轮廓照明灯具、投光灯、霓虹灯等。其样式根据项目风格选定。特殊部位景观灯具，如入口广场、商业街、特殊造型灯具等可由设计人员根据实际情况而定。

1. 高杆灯（图4-1）

一般指15m以上钢制锥形灯杆和大功率组合式灯架构成的新型照明装置。它由灯头、内部灯具电气、杆体及基础部分组成。灯头造型可根据用户要求、周围环境、照明需要而定，内部灯具多由泛光灯和投光灯组成。高杆庭院灯一般为10~15m。

2. 草坪灯（图4-2）

根据使用环境和设计风格的不同，衍生出不同的种类，分为：欧式草坪灯、现代草坪灯、古典草坪灯、防盗草坪灯、景观草坪灯、LED草坪灯六大类。常用的光源有：白炽灯、节能灯以及新型LED光源。

3. 柱头灯（图4-3）

柱头灯是一款以大功率LED为光源，可直接接入220V或太阳能交流电源的新型节能灯具。适用于庭院围墙、立柱等处的辅助照明。

（a）

（b）

图4-1（左）
高杆灯
（a）欧式风格；
（b）现代风格
图4-2（右上）
草坪灯
图4-3（右下）
柱头灯

4. 壁挂灯（图 4-4）

壁挂灯灯具选型应该与同一项目的高杆灯、庭院灯、柱头灯等灯具的风格和样式统一。

5. 埋地灯（图 4-5）

埋地灯主要是埋于地面，用来做装饰或指示照明之用，光源可选用 LED、节能灯等；人员活动场所应尽量选用低温可触及埋地灯，如儿童娱乐区、社区活动场所等；树木照明要选用光束角、光强相配的灯具，尽量减少对空间的光污染和对植物生长的影响。

6. 台阶灯（图 4-6）

台阶灯光源可选用：LED、节能灯；宜选用暖色光源。

7. 水下灯（图 4-7）

水下灯光源可选用：PAR（派）灯；照明颜色一般有红、黄、绿、蓝、白五种，可根据应用场合、照射对象及营造的气氛来选用。

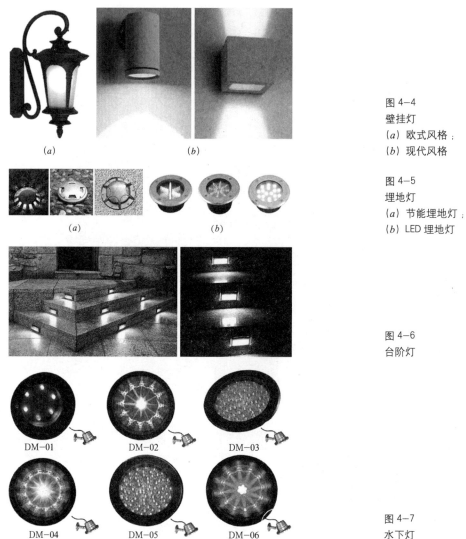

（a）　　　　　　　　　（b）

（a）　　　　　　　　　（b）

DM-01　　　DM-02　　　DM-03

DM-04　　　DM-05　　　DM-06

图 4-4
壁挂灯
（a）欧式风格；
（b）现代风格

图 4-5
埋地灯
（a）节能埋地灯；
（b）LED 埋地灯

图 4-6
台阶灯

图 4-7
水下灯

4.1.3 居住区环境功能性照明

功能性照明以满足人们夜间通行及安保需要为宗旨。要求灯具尺度适宜，间隔合理，亮度适中，美观耐用。

1. 道路环境照明

居住区道路环境照明是功能性照明的基本内容。目前可用于居住区照明的灯具品种很多，有高杆灯具、低杆灯具、组合灯具、草坪灯、地灯等（图4-8、图4-9）。此外，太阳能蓄电池节能灯具是近年来绿色照明发展的一个方向，越来越受到人们的青睐。

道路环境照明的设计应遵循以下原则：

（1）照明器具应尺度适宜，安全美观。过于高大，则比例失调，失去亲切感；过于简陋，则有碍观瞻。

（2）照度适宜。小区夜间的光环境应该是温馨的、祥和的、安静的、朴实的、朦胧的。照度不足，不利于夜间安全；亮度过高，会形成光污染，影响睡眠情绪，也不利于节能环保。

（3）道路离住宅楼较远时，灯具宜沿道路两侧交替布置，形成交错的韵律；道路离住宅楼特别是采光面较近时，灯具宜远离楼房布置，以减少对附近住户的干扰。

（4）灯具应间隔适当、分布均匀。夜间照明若出现较大范围的盲区和死角，则存在安全隐患。

图4-8
某小区道路环境照明
采用高杆灯具

图4-9
某小区台阶照明采用
装饰灯具

（5）光源色彩宜纯净单一，以浅黄色的暖色调和月白色的冷色调为主。五彩斑斓、光怪陆离或阴森恐怖的灯光不适合营造小区温馨静谧的夜间氛围。

2. 标识系统照明

标识系统，全称为标识指示系统，其内容包括室外环境标识、室内环境标识和公共区域服务标识等，例如安全出口标识、方向指示标识、灭火设备标识等。在夜间，小区的标识系统同样要求具有可识别性。标识系统的照明方式有自发光的，也有依赖外界光源的，要求清晰可见，具备夜间的可识别性（图4-10）。

图4-10
标识系统照明

4.1.4 居住区环境装饰性照明

居住区环境装饰性照明所包含的内容较多，主要起夜景装饰作用。建筑物、建筑小品、景观雕塑、水池喷泉、绿色植物等，均可成为装饰性照明的对象。装饰性照明灯具的款式和门类多样，还有相关的电控设备，可根据需要合理选择。依据节能环保的要求，装饰性照明应当限时开放（晚九点或十点以后闭灯），或者为了渲染节日气氛，仅在节假日晚间限时开放（图4-11）。

图4-11
某小区雕塑小品和植物的装饰性照明

1. 水景照明

高质量的水景照明是高档社区的重要标志之一。夜幕降临之际，流淌的水花，流动的旋律，梦幻的色彩，悠闲的人群，形成了一幅和谐唯美的小区夜生活画面，丰富多彩的水景照明常常成为焦点，深受大家的喜爱（图4-12、图4-13）。

图4-12
居住区水景照明（一）

图4-13
居住区水景照明（二）

水景照明包括四大类型：①水面景观照明；②水下景观照明；③跌水或瀑布夜景照明；④喷泉及水幕夜景照明。水景照明的手段包括轮廓照明、静态照明、动态照明、水面灯饰等。

2. 植物照明

夜间，植物有了灯光的照射，枝干身影会表现出与日景不同的魅力。微风徐来，灯光朦胧，树影婆娑，别有一番意蕴（图4—14、图4—15）。植物照明所采用的光源为冷光源，灯具投射点低，多固定在地面上，45°仰角投射。

3. 雕塑小品照明

雕塑小品的照明设计最好采用前侧光（图4—16、图4—17）。前侧光的方位一般以大于50°、小于60°角最为适宜。景观雕塑照明设计应避免几种情况：

（1）避免采用正上光或正下光，特别是具有等强照度的正上光和正下光同时照射，不仅破坏雕塑形象，还可能会造成恐怖感。

（2）避免顺光或逆光，它们会降低雕塑的三维立体感。

（3）避免正侧光，它会使雕塑产生"阴阳脸"，造成不良的视觉效果。

4. 建筑装饰照明

建筑是立体的艺术。建筑装饰照明的主要作用是在夜间展示建筑的形体美，美化城市夜景。十余年来，越来越多的居住建筑也像公共建筑那样，十分重视夜间的装饰照明（图4—18）。

建筑装饰照明的灯具品种有轮廓灯、射灯、泛光灯、LED灯等。这些灯具，有的是固定在建筑物上，有

图4—14
植物照明

图4—15
草坪照明

图4—16
景观小品照明

图4—17
景观雕塑照明灯具设置

图4—18
某小区建筑的装饰性照明

图 4-19（左）
某小区公共庭院照明
图 4-20（右）
某公共庭院照明

图 4-21（左）
某私家庭院照明（一）
图 4-22（右）
某私家庭院照明（二）

的是固定在建筑附近的地面或地面装置上。可用于建筑装饰照明的灯光色彩比较丰富，可依据相关的色彩原理及实际需求进行选配。

4.1.5　庭院照明

居住区的庭院可分为公共庭院和私家庭院两大类。庭院内有绿植、道路(小径)、铺地、小品、水池等内容。公共庭院照明多采用高杆灯具。私家庭院因面积有限，多采用小巧的灯饰（图 4-19 ～图 4-22）。

4.2　居住区安全系统设施设计

4.2.1　信息标志设计

居住区信息标志可分为四类：安全警示标志、名称标志、环境标志、指示标志。信息标志的位置应醒目，且不对交通及景观环境造成妨害。标志的色彩、造型设计应充分考虑其所在地区建筑、景观环境以及自身功能的需要。标志的用材应经久耐用，不易破损，方便维修。各种标志应确定统一的格调和背景色调以突出整体形象。

1. 安全警示标志

居住区的安全警示标识有涉及交通安全的，有地面湿滑防止跌倒的，有防止夹手、刺手等人身伤害的，有禁止高空抛物的，有防止儿童攀爬的，有禁止戏水、涉水、垂钓的等。标志的颜色应采用黄色或红色，和交通标志一样，黄色代表警告，红色代表禁止（图 4-23 ～图 4-25）。

图4-23（左）
安全警示标志
图4-24（右）
某小区水池边安全警示标志

图4-25（左上）
某小区大门前交通安全警示标志
图4-26（右）
名称标志
图4-27（左下）
环境标志

2. 名称标志

名称标志包含的内容有：建筑物名称、景观名称、庭院名称、单元名称、植物名称等（图4-26），有的是将名称标志独立设置，有的是做成各式铭牌悬挂在相关位置，有的是勒石刻字。

3. 环境标志

居住区环境标志主要包括小区示意图、停车场导向牌、公共设施分布示意图、自行车停放处示意图、垃圾站位置图等。有时也指居住区内与环境保护、低碳生活以及爱护花木等相关的宣传告示牌，如"茵茵青草、踏之何忍"、"低碳生活、爱护环境"等，旨在宣传和提倡居住区内"环境友好型"的生活方式（图4-27）。

4. 指示标志

指示标志包括出入口标志、导向标志、步道标志、定点标志等。在小区入口、道路交叉口、安全岛等"交通要害"部位，道路指示牌是规模较大居住区的必备设施之一。指示标志对访客、租户、小区住户、物业管理人员等认知小区布局，熟悉小区环境有良好的指引作用。样式新颖美观的指示标志不仅具有实际功能，也会美化环境，成为小区户外景观的重要组成部分（图4–28～图4–30）。

图4–28
某小区靓丽喜庆的指示标志

4.2.2 无障碍设施设计

无障碍设施是指保障残疾人、老年人、孕妇、儿童等社会成员通行安全和使用便利，在建设工程中配套建设的服务设施。包括无障碍通道（路）、电（楼）梯、平台、洗手间（厕所）、席位、盲文标识和音响提示以及其他相关设施。在"以人为本"的理念逐步深入人心的当代社会，居住区的环境设计必须充分考虑有生理缺陷和正常活动能力衰退群众的使用需求，配备能够应答、满足这些需求的服务功能与装置，营造一个充满爱与关怀、切实保障居民安全、方便、舒适的现代生活环境。

图4–29
某小区朴实大方的指示标志

1. 无障碍使用系统

无障碍设计关注残疾人、老年人等人群的特殊需求，但它并非专为残疾人、老年人群体而设计。它着力于开发人类"共用"的产品——能够应答、满足所有使用者需求的产品。无障碍使用系统指的是无障碍设施本身。包括坡道、盲道、无障碍扶手、无障碍公厕、无障碍停车位、盲文指示牌等（图4–31）。坡道设计必须符合相关的技术规范（详见《无障碍设计规范》GB 50763—2012）。

图4–30
机动车导向标志

图4–31
某居住区无障碍道路系统

2. 无障碍引导系统

无障碍引导系统指各类无障碍指示牌、标牌、标线、无障碍符号等。完善的居住区无障碍引导系统，是居住区配套设施完备的重要标志之一（图4–32）。

4.2.3　管理设施设计

管理设施是服务居住区物业管理各方面需求的，一般包括门卫房、卫生设备用房、花木管护用房、灯具控制箱等设施。一个高品质的居住区，精心的设计要体现在方方面面乃至细枝末节。这些设施虽为辅助性的，但它们对小区整体环境的影响不容忽视，需要设计师通盘考虑，认真把握。图4-33为某小区污水井盖的处理，图4-34为某小区草坪中设置的扬声器。

4.3　居住区便民公用系统设施

4.3.1　休息设施

居住区除了设置亭子、长廊等建筑小品以供休息之外，座椅、野外桌、凳子等小件休息设施也是必备的（图4-35、图4-36）。这些休息设施有石雕的，款式多样，坚固耐久，适合户外摆放；有木质的，温馨可人，老少皆宜；也有塑胶等人造材料的，物美价廉，组装方便。

4.3.2　卫生设施

居住区卫生设施包括饮用水栓、洗手洗脚设施、垃圾箱、公用厕所等。小区最常见的卫生设施就是垃圾箱。在居民环保意识日益增强的今天，我们提倡垃圾分类收集，把垃圾分为可回收物（绿标）、不可回收物（红标）两类。也有些居住区在做"餐厨垃圾"（或叫"厨余"垃圾）、各类电池等的分类回收。

一般情况下，垃圾箱等卫生设施的产品本身不需要居住区景观设计师亲自设计，只要根据需要选用相关产品即可。同样，选用产品本身也是一种设计。当然，也有一些要求较高的高端社区，会请人专门设计，量身定做专属的个性化卫生设施（图4-37）。

图4-32
某小区无障碍引导系统

图4-33
某小区污水井盖的处理

图4-34
某小区草坪中设置的扬声器

图4-35
休息座椅的巧妙设计

图4-36
居住区庭院休息设施

4.3.3　游乐设施

居住区游乐设施，如儿童游戏设施等，主要服务对象是少年儿童和婴幼儿。这里的游乐设施有别于专业的儿童游乐场，属于居住区公益性的配套设施，着重解决"有"和"无"的问题。一般选择安全性好，无需专业人员专门管理，能长期连续开放的金属＋塑料的游乐设施，以供小区内儿童游乐之用（图4-38、图4-39）。安全起见，游乐设施周围的地面应采用沙土地或软质塑胶（毯）铺设。

4.3.4　运动设施

居住区内的运动设施有各类运动健身场地、球场、高尔夫球场等（图4-40）。

4.3.5　交通设施

交通设施包含车行道路、停车场（库）、交通标线、交通标识，交通用的各种指示灯、信号灯、车位锁、挡车器、道闸、减速垄、分隔墩、隔离墩、路障、候车亭等，交通空间的设计属于建筑（地库）设计、场地设计的范畴，交通设施的制作与安装，如车位划线、标线绘制、轮挡、减速带、智能车位管理器、停车场收费系统等，需要相关的产品厂家进行技术配合和售后服务。总之，城市居住区道路交通规划与竖向设计以及交通设施的制作和安装应符合相关的法律和规范的要求（图4-41、图4-42）。

图4-37（左）
分类细致（四种分类）的垃圾箱
图4-38（右）
某新建居住小区儿童游乐设施

图4-39（左）
儿童活动场地
图4-40（右）
某居住小区内的健身设施

图4-41（左）
某居住小区地下车库设施
图4-42（右）
某小区车辆出入口设施

4.3.6 服务设施

居住区的服务设施还包括物业服务中心公告栏、业委会宣传栏、警务公示栏（图4-43）、电话亭、报刊亭、邮筒等。

图4-43
某居住区警务公示栏

4.4 居住区环境景观中艺术作品设计

在当代居住区的环境景观中，室外陈设的艺术作品对于塑造环境气氛，提升环境品质有着非常重要的作用，有时甚至具备"画龙点睛"之功。景观雕塑、装置艺术、景观小品作为居住区外部空间的一部分，可以为居民创造优美、舒适的居住环境，是形成居住区面貌和特点的重要因素。它的设置应根据居住建筑的形式、风格、居住环境的特色、居民的文化层次与爱好以及当地的民俗习惯等因素，选用适当的材料。

4.4.1 景观雕塑

雕塑常与周围环境共同塑造出一个完整的视觉形象，同时赋予景观空间环境生气和主题，使空间富于意境，从而提高整体环境景观的艺术境界。景观雕塑是环境景观设计的手法之一，在环境景观设计中起着特殊而积极的作用，许多环境景观主体就是景观雕塑，世界上亦有许多优秀的景观雕塑成为城市的标志和象征。

依据作用的不同，景观雕塑可分为纪念性景观雕塑、主题性景观雕塑、装饰性景观雕塑和陈列性景观雕塑四种类型。从表现形式上可分为具象和抽象雕塑，动态和静态雕塑等。在布局上一定要注意与周围环境的关系，恰如其分地确定雕塑的材质、色彩、体量、尺度、题材、位置等，展示其整体美、协调美。就居住区而言，后三种类型应用得较为普遍，特殊场合的中心广场或主要公共建筑区域，也可考虑纪念性雕塑。

在居住区中，雕塑小品与花水树石一起成为居住环境的延伸部分。然而雕塑并不是作为建筑的附庸而存在，它以特定的造型语言为建筑乃至整个居住区注入活力，使静止的建筑物在时间和空间上获得生命，雕塑小品也是体现人文关怀的一种重要艺术形式。

一般环境无法或不易表达某些思想，缺乏表意的功能。通过雕塑和环境的有机结合，主题性景观雕塑可以充分发挥景观雕塑对环境的特殊作用，在特定环境中揭示某些主题。此类雕塑要求选题贴切，一般采用写实手法，如图4-44为卖鱼翁小憩雕塑，反映了江南水乡传统的市井生活；图4-45为老鹰抓小鸡雕塑，展现了一群少年开心玩耍的场景。装饰性景观雕塑，可用来渲染环境的艺术气息，丰富空间层次（图4-46、图4-47）。陈列性景观雕塑是指以优秀的雕塑作品来作为环境的主体。通常这些作品具有系列性和相似性，忌讳杂乱无章（图4-48、图4-49）。

景观雕塑的选题和选址也是居住区景观设计的重要内容之一。选题必须结合居住区的自身特点或打造目标进行精心策划；选址必须从居住区总体规划和总平面设计的高度上进行精心安排，不能见缝插针，随意摆放，毫无章法。

居住区景观雕塑是固定陈列在居住区某个特定环境之中的，场地一般较为局促，人们的观赏条件受到一定的限制，因此对其观赏效果必须做出预测分析，特别是对其体量的大小、尺度的研究，以及必要的透视变形和错觉的校正等。一般来讲，居住区景观雕塑以小体量、近人尺度为宜。

较好的观赏位置一般为距被观察对象高度两倍至三倍远的位置，如果想把对象看得细致些，观察者的视点大致处在距被观察对象高度约一倍的位置。景观雕塑大都以四面环绕观赏为主，因此，雕塑周围应适当留有观赏场地。

基座设计是景观雕塑设计的一个重要环节。基座既与地面环境发生连接，又与景观雕塑本身发生联系。一个好的基座设计可以增添景观雕塑的表现效果，可以使景观雕塑与地面以及周围环境相协调。基座设计有四种基本类型：碑式、座式、台式和平式。

景观雕塑的平面设计有以下几种基本类型：

中心式：景观雕塑处于场地中央位置。此类型具有全方位的观察视角，往往成为环境的焦点，要求雕塑要具备相当的体量。

丁字式：景观雕塑位于场地的丁字交点处。此类型具有180°的观察视角，有明显的方向性和对称性，易形成宏伟、庄重的视觉效果。

侧位式：景观雕塑位于道路或铺地的一侧，常与路边绿化结合在一起，是小型装饰性景观雕塑的常用布置方式。

图4-44
卖鱼翁小憩

图4-45
老鹰抓小鸡雕塑

图4-46
用装饰性雕塑渲染环境艺术气息

图4-47
用装饰性景观雕塑丰富空间层次

图4-48
某居住区内民间剪纸艺术系列雕塑

图4-49
某社区公园的皮影戏雕塑

图 4-50（左）
某小区水景雕塑（一）
图 4-51（右）
某小区水景雕塑（二）

对称式：根据空间环境的需要，将景观雕塑以一定的形式（轴对称、中心对称）对称布局，形成庄严有序的景观效果，多用于西式古典风格的居住区和中式传统石雕器物的摆放。

自由式：在居住区不规则的外环境中，景观雕塑一般采用自由式的布置形式。

综合式：当环境平面、高差变化较大，空间形态较为复杂时，景观雕塑可采用多种方式灵活布置。

景观雕塑在平面上的布置还涉及道路、水体、绿化、铺地、栏杆、照明以及休息设施等。总的来讲，我们需要从平面、剖面等角度进行视觉分析，全面把握景观雕塑的各种观赏效果，综合各种因素，不断地进行调整，最终形成一个较为满意的设计方案（图 4-50、图 4-51）。

近年来，随着传统文化的回归，一些通过采用钢筋水泥等现代材料制作的假山水景来"再现"中国传统的山水园林文化的做法，也属于景观雕塑的范畴。

4.4.2 装置艺术

装置艺术对应的英文是 Installations Art，从字面上来理解，是一种安装、组装的艺术，或者说是具有艺术性的装置。简单地讲，装置艺术，就是"场地＋材料＋情感"的综合展示艺术，是一种偏于实践性的艺术形式。装置艺术具有后现代艺术的最鲜明特征，它颠覆了传统景观小品的模式，在城市空间中与人、环境产生联系，可能是临时性的，也可能是永久性的。装置艺术是对传统艺术的一种挑战，它自由使用各门类艺术手段，表明人类表达思想观念的艺术方式是无界限的。

装置艺术一词被广泛使用是在 20 世纪 70 年代中期以后。装置艺术在环境中有着很强的视觉冲击力和形体表现力，使得它们在景观空间中很容易构成视觉焦点和视觉停驻点，从而成为环境中的重要元素。同时，这种独特的艺术表现形式在环境中所产生的视觉感染力也赋予场地个性和独特的魅力。

在当代环境艺术中，艺术门类之间的界限常常被打破。艺术装置、实用装置以及景观设施成为景观环境中十分重要的"道具"，成为室外空间环境中具有公共性和交流性的产物。它们丰富了景观环境的内涵，既是一种硬质的实体景观，也是一种软质的文化景观（图 4-52 ～图 4-54）。

景观装置艺术具有以下特点：

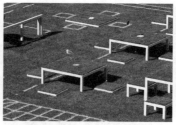

公众的参与性：装置艺术通过表达特定主题以及采用独特的形式来引起人们的关注和共鸣，从而形成与人的交流。装置艺术的可变性、可拆装性，包括机械的可操作性，以及利用场地其他元素共同构建的可变化的景观，形成了包容的环境，促使人们从被动的观赏转为主动的参与。景观装置艺术模糊了艺术与生活的界限，强调与人的情感互动、与周围环境的互动，将景观环境与人之间的距离以艺术的方式拉近。

材料的多样性：作为一种开放的艺术形式，装置艺术可选用的材料非常丰富，除常用的石、木、钢、玻璃、玻璃钢等传统材料外，还有织物、绳索、薄膜、金属丝网等。对成品、原有资源的利用和再利用，重新加工、重组、拆解是装置艺术的一个突出特点，体现了生态环保的理念。

成果的时代性：装置艺术紧跟时代步伐和时尚潮流，多媒体、数码、激光、液晶、光电子、3D、4D 技术等，都可以成为装置艺术创作的方式和表现手法。当这些先进的技术以装置艺术的方式出现在景观设计中时，必然会对场所产生巨大的效应。观者能体会的不只是视觉上的冲击，还有听觉、味觉、心灵等多方面的空间感受。

目前，装置艺术多出现在城市公园、广场、博物馆、艺术区等公众参与较多的地方。居住区的装置艺术设计与展示有待推广普及（图 4-55、图 4-56）。

图 4-52（左）
装置艺术
图 4-53（中）
草坪装置艺术
图 4-54（右）
灯光装置艺术

【思考与练习】

1. 居住区环境常用的照明灯具有哪些种类？

2. 居住区信息标志可分为哪四类？

3. 景观雕塑可分哪几种类型？

4. 选择一个合适的居住区进行实地考察，对其环境配套设施是否完备进行评估，找出其中的亮点、不妥之处和不完备之处。

5. 收集居住区环境配套设施设计的相关资料，建立自己的资料库。

图 4-55（左）
某居住区草坪上的装置艺术
图 4-56（右）
某居住区环境的装置艺术

5

单元5　居住区景观设计案例
分析与项目设计实训

【学习目标】

1. 能对居住区绿地进行现状调查分析；
2. 能根据设计构思确定景观设计目标、设计主题；
3. 能对居住区景观合理布局和分区详细设计；
4. 能根据不同地域环境特点，完成居住区环境景观设计；
5. 熟练运用手绘技法和 CAD、PS、3DMAX 表现景观设计方案。

5.1 居住区景观设计案例分析

案例："星城映象"住宅小区景观设计

（设计单位：水木清华（厦门）园林规划设计有限公司）

5.1.1 项目概况与现状分析

1. 基地位置："星城映象"住宅小区位于长沙市雨花区体育新城沙湾路
308 号，石坝路与白沙湾路交汇处，西邻白沙湾路，北面石坝路（图 5-1）。

2. 场地表述：处于体育新城高档住宅区，占据东城门户体育新城核心位置，临近长沙新火车站，是城市未来发展的方向。用地现状较为平整，建设用地良好（图 5-2）。

图 5-1
项目基地位置

周边楼盘（一）

周边楼盘（二）

靠白沙湾路一侧（一）

白沙湾路

小区南面的游泳中心

靠白沙湾路一侧（二）

图 5-2
场地周边环境

3. 居住区规划的经济技术指标（表5-1）：规划总用地面积 70213.33m²，净用地面积 52193.05m²，其中住宅 19 栋，店面 5 栋，西面临白沙湾路设置商铺。小区内设有会所及幼儿园，住户 1889 户。

星城映象经济技术指标   表5-1

项目	总用地指标	项目	总用地指标
小区规划总用地面积（m²）	70213.33	居住户数（户）	1889
总建筑面积（m²）	189978.44	绿地率（%）	40.1
地上总建筑面积（m²）	156579.15	容积率	3.0
计容积率面积（m²）	156579.15	建筑密度（%）	19.89
地下建筑面积（m²）	33399.29	地下停车（辆）	675
架空层建筑面积（m²）	2729.02	地面停车（辆）	283
建筑占地面积（m²）	10382.13	总停车数（辆）	958

4. 小区内住宅为现代风格高层建筑，采用围合式总体布局，造型简洁、时尚（图5-3、图5-4）。

高层建筑存在的空间问题：空间压抑，热辐射大，热岛效应。

解决办法：空间再界定，给人以舒适的空间感受，阻隔热辐射，降低热岛效应。本方案通过增加绿化，使得原本较生硬的空间变得有生机，富有层次。增加休闲设施，使人们在绿荫空间下感受生活的惬意。根据楼盘为高层建筑的特点，在场地处理上进行充分的考虑。

5.1.2 景观规划设计

1. 城市解语

星城映象之自然：长沙自古以来被称作星沙，自然景观秀美。"山—水—洲—城"的独特环境赋予这里的人热爱自然，好与自然为邻的性情。而在城市

图 5-3
星城映象规划效果

建筑富有现代气息、外形
简洁明了，高层建筑。

图 5-4
建筑现状分析

快速发展的今天，追求自然、生态更加成为人们对于理想居住区的重要要求。

星城映象之人文：长沙虽为市井，但本地人热情非凡，喜好交流串门，各种街巷为市民提供了这样的生活空间。

2. 设计理念

现代与自然完美结合，功能与美学互动，关注山水、自然、地域、人文，坚持生态优先，营造一个舒适典雅的居住环境。

3. 设计主题

主题：生态、文化、养生。

小区景观设计以自然为源，从居住者的身心健康出发，将养生和小区环境结合起来，在小区景观设计中通过园林设计手法达到养生的目的，使业主充分享受在森林中洗肺、在绿色中洗眼、在潮润中洗肤的养生之乐。采用森林浴、生态温汤浴、生态阳光浴等达到"集天地之灵气，汇万物之精华"的效果。

小区的景观设计切实透露城市的神韵，在充分考虑居民日常需求的基础上，结合住宅架空层，将棋、茶等人文活动引入景观设计中，为居民提供一个促进邻里交往的文化活动空间。"星城映象"景观设计总平面如图 5-5 所示。

4. 设计原则

(1) 贯彻总体规划设计理念；

(2) 因地制宜，突出特色；

(3) 建立在生态多样性基础的人性化原则；

(4) 经济性原则。

5.1.3 景观设计分析

1. 景观分区（图 5-6）

根据小区的整体规划布局，景观设计分为"一带、一轴、一心、四区"。

一带：位于小区西面入口两侧的商业带，紧邻城市道路，是小区的商业活动区域。

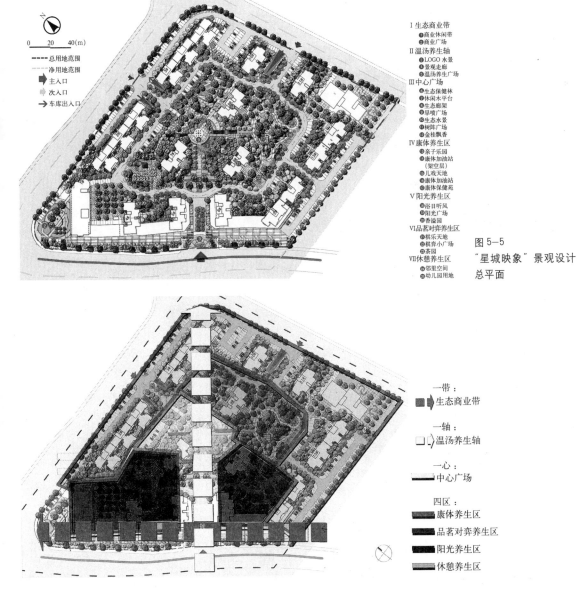

I 生态商业带
①商业休闲带
②商业广场
II 温汤养生轴
③LOGO 水景
④景观走廊
⑤温汤养生广场
III 中心广场
⑥生态保健林
⑦休闲木平台
⑧生态廊架
⑨旱喷广场
⑩生态水景
⑪树阵广场
⑫金桂飘香
IV 康体养生区
⑬亲子乐园
⑭康体加油站
（架空层）
⑮听戏天地
⑯康体加油站
⑰康体保健苑
V 阳光养生区
⑱浴日听风
⑲阳光广场
⑳香溢园
VI 品茗对弈养生区
⑴棋乐天地
⑵棋艺小广场
⑶茶园
VII 休憩养生区
⑷邻里空间
⑸幼儿园用地

图 5-5
"星城映象"景观设计
总平面

一带：
■➡ 生态商业带

一轴：
□➡ 温汤养生轴

一心：
━ 中心广场

四区：
▬ 康体养生区
▬ 品茗对弈养生区
▬ 阳光养生区
▬ 休憩养生区

图 5-6
景观分区

一轴：小区入口东西连接主入口——中心花园的温汤养生轴，同时也是整个小区景观的中轴线。

一心：小区中心广场，是居民集散活动场地。

四区：康体养生区、阳光养生区、品茗对弈养生区和休憩养生区。

小区景观设计点、线、面结合，布置了各种养生活动区域和景观元素，公共空间—半公共空间—半私密空间结合，自然景观与人文活动相融，景观设计手法自然，展现星城神韵，充分体现"自然生态、健康养生"的设计理念。

2. 景观功能分析（图5-7）

根据小区规划形成的空间关系来定位景观功能的营造，使整体的功能结构清晰、明了，便于社区空间之间的管理。

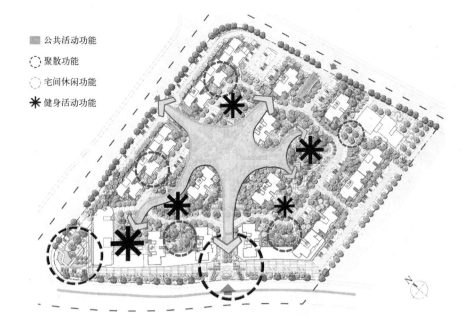

■ 公共活动功能
○ 聚散功能
○ 宅间休闲功能
✳ 健身活动功能

图 5—7
景观功能分析

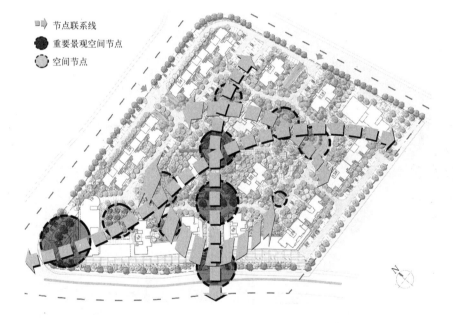

▶ 节点联系线
● 重要景观空间节点
● 空间节点

图 5—8
景观节点分析

3. 景观节点分析（图 5—8）

根据规划形成的空间形态来组织空间，节点作为景观的强调和转折，使空间结构统一、主次明晰。并结合人的活动，提供适宜的交流、休闲、健身场所。中心景观轴线作为整个小区的中心客厅，把最重要的节点串联起来，同时也连接了各个分区。

4. 景观视线分析（图 5—9）

5. 竖向设计分析（图 5—10）

6. 道路系统分析（图 5—11）

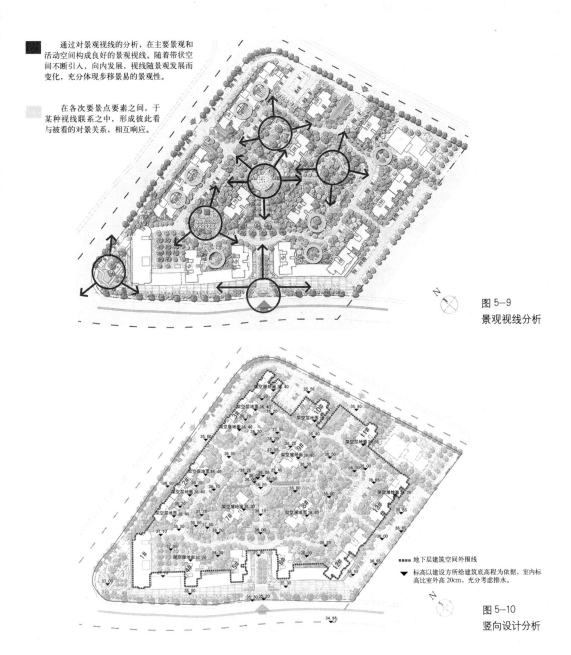

通过对景观视线的分析，在主要景观和活动空间构成良好的景观视线。随着带状空间不断引入，向内发展，视线随景观发展而变化，充分体现步移景易的景观性。

在各次要景点要素之间，于某种视线联系之中，形成彼此看与被看的对景关系，相互响应。

图 5—9
景观视线分析

■■■ 地下层建筑空间外围线
▼ 标高以建设方所给建筑底高程为依据，室内标高比室外高 20cm，充分考虑排水。

图 5—10
竖向设计分析

5.1.4 分区域详细设计

1. 生态商业带（图 5—12、图 5—13）

生态商业带紧临白沙湾路，包括了北端商业广场及沿西面主入口两侧的商业带。商业广场是整个商业带的主入口，其设计紧密联系小区"星城"主题，强调景观的标识性。广场中心设置球体镂空雕塑，以曲轴支撑，如同一座被拖起的星球，预示着长沙美好的未来。雕塑镂空图案结合古代图腾，同时在雕塑下附注长沙名称的由来以及长沙发展简史，让人们了解星沙文化背景。广场铺装以增加空间的向心性来引导视线，构图简洁、大气。小区主入口两侧的商业带外侧设计一方面通过乔灌木配置吸收道路粉尘，减少噪声污染，另一方面结

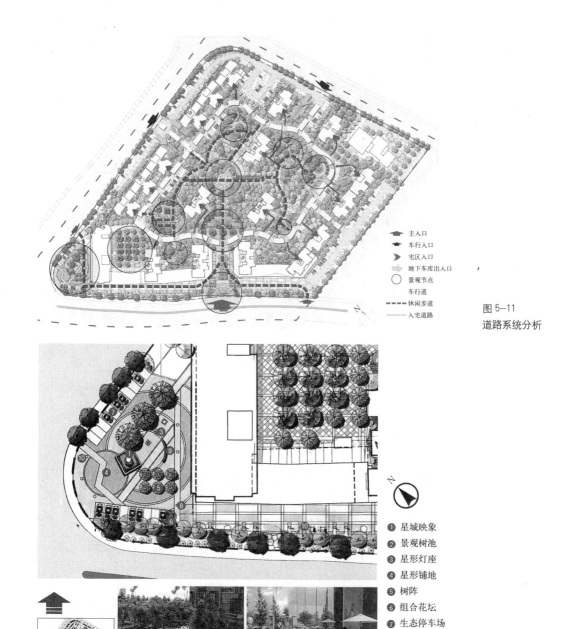

主入口
车行入口
宅区入口
地下车库出入口
景观节点
车行道
休闲步道
入宅道路

图 5-11
道路系统分析

N

① 星城映象
② 景观树池
③ 星形灯座
④ 星形铺地
⑤ 树阵
⑥ 组合花坛
⑦ 生态停车场
⑧ 景观灯
⑨ 星城文化景墙
⑩ 商业休息带

图 5-12
生态商业带平面

图 5-13
生态商业带效果

合通透栏杆保证商业街与街道视线上的通透。商业带内侧设计形式现代的花池、座凳，以丰富道路景观，为人们提供休息空间。

2. 温汤养生轴（图5-14、图5-15）

温汤养生轴由入口景观、入口道路和中心花园前广场组成。

主轴线上首先映入眼帘的是入口景观，采用规则的对称式布局，规整中显示出严谨，展现出气派，运用的元素张扬着现代、艺术的美感。广场前半部在正中央设置玻璃景墙，一半镂空一半跌水，形成水幕，池中设置石头射水趣味雕塑，既有动态美，又有静态美，其中，金属、石头、玻璃、木头等材质的运用，质感对比强烈，透露着现代气息。

放射状的地面铺装外侧各用了两个树池花坛，花坛与铺装之间通过灌木进行过渡。五排高低错落的树池花坛组成一个三角形，林冠线最终交汇在中轴线上，景观层次逐渐加深，散发一股强大的聚合力，卵石滩与特色灯带为树池花坛增加了艺术性。外侧的铺装作为入口区与商场建筑的过渡，样式在统一中寻求变化，丰富了主入口的地面景观。穿过小区入口道路后，就到达了中心花

❶ LOGO水景 ❷ 生态保健林 ❸ 斜面花坛 ❹ 彩色地灯带 ❺ 组合花坛 ❻ 雅石戏水 ❼ 金桂飘香 ❽ 会所 ❾ 组合铺装
❿ 凤景树池 ⓫ 琴键戏水条石座凳 ⓬ 流水艺术花钵 ⓭ 卵石滩水

图5-14
温汤养生轴平面

图5-15
温汤养生广场效果

园前广场。这一区域的平面构图表达出一种强烈的向心感，与主入口广场相呼应（图5-14、图5-15）。

靠近入口大门的道路设置了特色大树池，休憩铺地运用了流水艺术花钵、装饰景墙、琴键戏水条石座凳、特色铺装等景观元素进行设计。四排整齐排列的两用琴键戏水石凳在水景开放的时候可以形成对射的趣味喷泉景观，增加了趣味性；没水的时候石凳可供游人停留休息，尽可能地从人的需求出发来考虑景观设计。

3. 中心广场（图5-16～图5-18）

在两侧排列着斜坡树池的园路后，便是中心广场。中心广场分为西部木平台、中部旱喷广场和东部铺装及水景三大部分。

木平台是整个中心广场的序曲，弧形的平台结合圆形地灯，简洁而现代。平台设置遮阳伞和座椅，围绕木平台的缓坡草坪上种植有大桂花，植物的疏密配置、高低错落，构建出宜人的林下活动空间，使人心境沉浸在自然之中。木

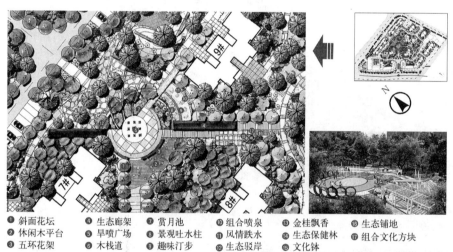

❶ 斜面花坛　　❹ 生态廊架　　❼ 赏月池　　❿ 组合喷泉　　⓭ 金桂飘香　　⓰ 生态铺地
❷ 休闲木平台　❺ 旱喷广场　　❽ 景观吐水柱　⓫ 风情跌水　　⓮ 生态保健林　⓱ 组合文化方块
❸ 五环花架　　❻ 木栈道　　　❾ 趣味汀步　　⓬ 生态驳岸　　⓯ 文化钵

图5-16
中心广场平面

图5-17
中部旱喷广场效果

图 5–18
组合文化方块效果

平台北部与中心旱喷结合处设置环形构架，构架结合座椅和藤本植物，造型新颖独特，与两侧的景观廊架一起将广场东部掩映起来，起到了分割空间的作用。

中部旱喷广场设计简洁，中心一条斜向园路直通亲子乐园，两个水生植物种植池分列园路两侧，朱荷出池，绿萍浮水。池中但见绿波重叠，风起万枝动，令人悦目清心。左侧池畔一排射水区雕塑口吐水柱，并作跌水，结合高低起伏、错落有致的射水景观柱组合喷泉，整体水景布局集中，活泼与文雅并重，满足了人们亲水的要求。而因喷泉、跌水、水柱等水体形式产生了大量空气负离子，又可达到生态养生的效果。

三条弧线形的木栈道穿过水生植物种植池，与冰裂纹生态铺地平面相互呼应，自然地融入场地中，仿佛跳动的韵律，又似飞舞的飘带，柔美而不张扬。尽端的浮雕景墙将广场内喧闹的活动空间与亲子空间隔离，以树丛过渡，起到减噪、滞尘的作用。

4. 康体养生区（图 5–19、图 5–20）

康体养生区位于中心花园的东部。该区主要包括康体健身林、康体加油站、儿童乐园以及亲子乐园。区域的中心为一片缓坡林地，卵石步道蜿蜒于林地之中，静谧幽远，让人们在健身中体会到迁途的乐趣。缓坡上随意地摆放几个特色钢架，形成现代艺术。东部康体加油站布置有小花坛和健身器材，空间的动与树林的静形成鲜明的对比。

植物设计注重通过合理的配置达到高郁闭度，实现乔灌地被复层混交的结构模式，形成层次丰富、自然生态的健身场地。在阳光明媚的早晨，邀上三五好友，迎着徐徐微风，或锻炼身体，或漫步林间，呼吸着林中释放出来的空气负离子，倍感身心愉悦。

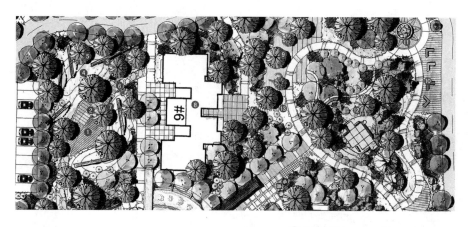

❶ 休闲木平台　　❷ 线形花岗岩铺地　　❸ 特色灯光构架　　❹ 嬉戏天地　　❺ 微地形　　❻ 健康足道　　❼ 不锈钢曲面长凳　　❽ 老人健康广场　　❾ 儿童乐园　　❿ 康体加油站　　⓫ 康体广场　　⓬ 康体游艺园　　⓭ 生态汀步

图 5-19
康体养生区平面

图 5-20
康体游艺园效果

　　儿童乐园位于康体健身林东北端。在曲形沙地上设置有儿童游乐器材，而一旁七彩的圆柱形构架为儿童提供了私密性的小空间。构架根据儿童尺度设计，顶部种植草本植物，好似童话中的森林小屋，充满野趣和童真。从儿童乐园穿过住宅的架空层，便到达了亲子乐园。乐园由中心广场延伸的曲道贯穿始终，曲道两侧是缓坡绿地，植物配置以疏林草地为主，五彩的弧形构架好似彩虹桥架在草地之上。草坪中心的休憩平台采用木质，座椅环绕在周边，形成亲切、舒适的围合空间。

5. 阳光养生区（图5-21、图5-22）

从中心广场向北，穿过一片树林，便进入了阳光养生区。区域内结合高差的台地设计，布置树阵广场和休息亭，广场中点缀小涌泉，如同跳动的音符，让人们接受阳光浴的同时，在这里享受视觉和听觉上的放松。跨过小区干道，到达西部小花园，这里以植物为主要设计元素，结合简单的花池座椅，形成楼间的半私密性空间。在西北部的停车场中，规整的树阵广场与东南部的台地树

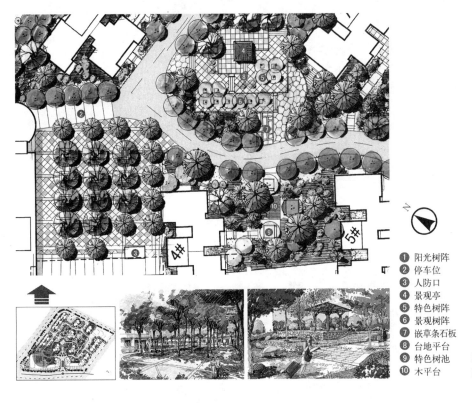

① 阳光树阵
② 停车位
③ 人防口
④ 景观亭
⑤ 特色树阵
⑥ 景观树阵
⑦ 嵌草条石板
⑧ 台地平台
⑨ 特色树池
⑩ 木平台

图5-21
阳光养生区平面

图5-22
阳光树林效果

阵相呼应，又与小花园中的郁闭空间形成对比。

广场植物采用枫香，深秋时节，叶色红艳，让人们联想到岳麓山"万山红遍，层林尽染"的壮丽景色。而在冬季，开阔的场地也能成为居民们的阳光浴场。

6. 品茗对弈养生区（图5-23）

品茗对弈养生区和阳光养生区相对，位于入口南侧，同康体养生区相邻。该区主要分为棋园和茶园两部分。

棋园分为内外两个空间，内部结合建筑架空层设置棋牌桌，外部则结合树池、景墙布置象棋桌和象棋小广场，小广场的棋子以木制成，下棋时可以随意移动，休息时又可以作为座椅使用，既有趣味性又有实用性。棋牌在长沙人的日常休闲中占有很重要的地位，棋园的设置为居民提供了一个促进邻里交往的空间，而象棋小广场也能更好地吸引儿童参与到社区象棋的文化活动中来。

茶园位于道路西侧的中心广场西北部，与棋园相望。茶园也分为内部和外部两个区域。内部以建筑架空层为中心设置小茶座，外部则以茶树为主要设计元素，辅助以圆形铺装空间、曲线形的道路和座椅，形成温馨、舒适的环境，让居民在品茶、论茶的同时达到保健养生的目的。

7. 休憩养生区（图5-24）

小区环绕中心花园的南、东、北三向即为休憩养生区，主要为面积较小的宅前绿地。

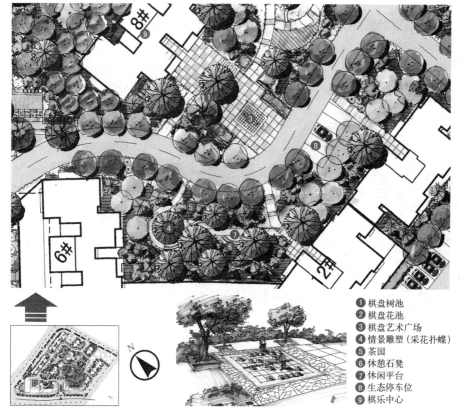

❶ 棋盘树池
❷ 棋盘花池
❸ 棋盘艺术广场
❹ 情景雕塑（采花扑蝶）
❺ 茶园
❻ 休憩石凳
❼ 休闲平台
❽ 生态停车位
❾ 棋乐中心

图 5-23
品茗对弈区平面

此区域以植物造景为主，将小乔木适当点缀于低矮的花灌木之中。设计将树木养生功能和美学功能充分结合起来，选择观赏性强、日常养护简单的树种。利用植物散发出的气体，通过肺部及皮肤进入人体，从而起到防病、强身、益寿的作用。设计以各种花境、花台、木平台等景观元素相互结合，与植物一起形成各种迷你休憩空间，通过与植物的近距离接触，吸收各种对人体有益的气体，调动人们的情绪、增进人体健康。

在小区东部临京珠高速一侧，列植树木以减少噪声污染，维护小区内部良好的生态环境。

8. 车库入口设计（图 5-25）

① 生态停车场　　③ 幼儿园景观用地　　⑤ 地下车库出入口　　⑦ 邻里空间
② 消防车道　　　④ 密林　　　　　　　⑥ 警卫亭　　　　　　⑧ 疏林草地

图 5-24
休憩养生区

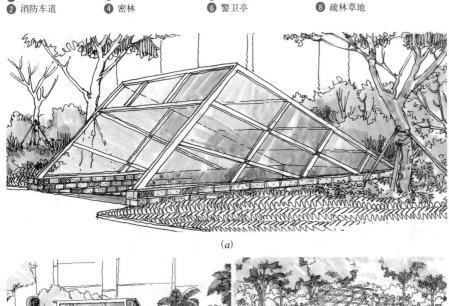

(a)

(b)　　　　　　　　　　　　　　(c)

图 5-25
车库入口效果
(a) 车库入口方案一；
(b) 车库入口方案二；
(c) 车库入口方案三

9. 植物设计（图 5-26 ~ 图 5-30）

(1) 指导思想

小区的环境绿化运用生态学理论建设人工自然生态环境，使其与总体布局、建筑造型互相渗透，融为一体。以业主的生活、游憩、交往、健身、养心等行为方式为根本。以保健植物为基调树，利用植物挥发有益健康的气体，形成有规律、有功能的系统，提高保健效能。为居民提供与自然和谐共生共荣的环境，人人具有享受健康、舒适、安宁的权利。

生态风景林 * 疏林
生态风景林 * 密林
康体生态 * 林荫草地
生态阳光树阵
生态防护带
宅间绿地

图 5-26
植物景观结构

乔木
地被

香樟　白玉兰
碧桃
日本晚樱　山茶
红叶李　贴梗海棠

月季　石菖蒲　连翘　杜鹃　八仙花　鸡爪槭　含笑

图 5-27
春季植物景观结构

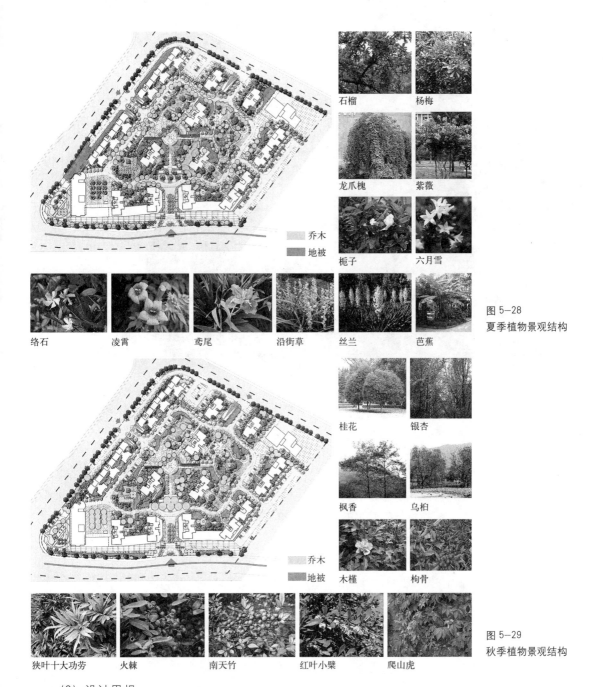

石榴　杨梅

龙爪槐　紫薇

栀子　六月雪

络石　凌霄　鸢尾　沿街草　丝兰　芭蕉

图 5-28
夏季植物景观结构

桂花　银杏

枫香　乌桕

木槿　枸骨

狭叶十大功劳　火棘　南天竹　红叶小檗　爬山虎

图 5-29
秋季植物景观结构

▨乔木　▨地被

(2）设计思想

生态作用：生态植物群落不是简单的树种堆积，也不是盲目的返璞归真，而应是在遵循统一、调和、均衡、韵律四大基本原则的基础上，深入分析植物的树形、色彩、线条、质地等形体美和防风固沙、净化空气、滞尘、减噪等生态功效，做到乔、灌、地被科学配植，常绿树与落叶树、速生树种与慢生树种比例协调。重视后期养护管理所需要的费用，以降低养护成本，实现良好的生态效应。注重季相变化，时间的延续，空间的转换，创造自然、温馨、舒适的生态型绿色居住环境。

石楠

龟甲冬青

罗汉松　杜英

常春藤　　　铺地柏　　　金叶女贞　　　八角金盘　　　苏铁

图 5-30
冬季植物景观结构

养生作用：植物在新陈代谢过程中，花、叶、木材、根、芽等组织会不断分泌一种浓香挥发性物质，即植物的精香气，对植物而言，精香气能杀菌、除虫，防治病虫危害；对人体而言，精香气具有防病治病、增强抵抗力、强身健体的功效。而新鲜的植物精香气还可增加空气负离子含量，增强森林空气的舒适感和保健功能。生态养生其中一种方式就是通过森林浴达到养生目的。在星城映象的植物设计中，着重从植物养生的角度选择植物精香气释放量大的树种进行合理配植，建立生态、和谐的景观环境，真正达到筑就绿色的居住理想。

（3）植物群落

主要包括有益身心健康的保健植物群落，如松柏林、香樟林；有益消除疲劳的香花植物群落，如桂花丛林、九里香丛林；有益招引鸟类的植物群落，如竹林、海桐林等。

（4）配植方式

采取规则式与自然式相结合的植物配植手法。植物种植方式有孤植、对植、列植、丛植和群植等几种。

（5）配植要点

注意开花乔木与常绿乔木的结合，注意观花、观叶、观干的树种之间的搭配组合，注意植物的动静结合。

统一中寻求变化，选用不同高度的植物，层次分明，背景突出，创造优美的林冠线。

10. 场地立面设计（图 5-31、图 5-32）

11. 夜景照明设计（图 5-33、图 5-34）

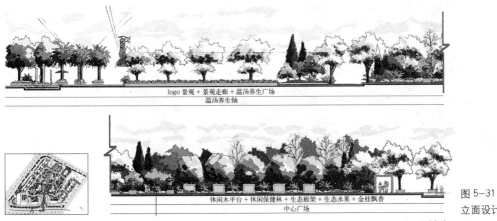

logo 景观＋景观走廊＋温汤养生广场

温汤养生轴

休闲木平台＋休闲保健林＋生态廊架＋生态水果＋金桂飘香

中心广场

图 5-31
立面设计（一）

A—B 剖面

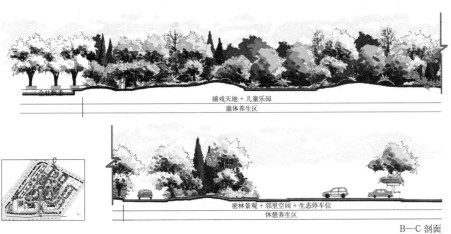

嬉戏天地＋儿童乐园

康体养生区

密林景观＋邻里空间＋生态停车位

休憩养生区

图 5-32
立面设计（二）

B—C 剖面

图 5-33
灯具灯光意向

图 5-34
夜景照明意向

在景观夜景氛围的营造上，除设有造型别致的高杆庭院灯外，还根据使用及景观需要设置了柔和的草坪灯、结合水景的水下照明灯、表现夜晚树木造型的树照灯、空灵圆润的嵌地灯等。尤其将照明设计运用在特色小品中，光源采用暖黄色，塑造温馨的氛围。让人们在赏月池的优雅大气、康体游艺园的斑驳疏影、嬉戏天地的趣味横生、生态保健林的亲切自然中看书、喝茶、聊天……度过人生美妙的每一天。

以"精致和谐，幽静宜人"为主旨，结合"星城映象"的地理位置，夜景照明的特点明暗适度，主次分明，赋予"星城映象"住宅小区特有的夜景效果。

（1）小区道路以庭院灯为主，绿地用草坪灯点缀。

（2）在入口及中心花园，采用绿色光源的投光灯投射乔木，在特色的铺地上用埋地灯加以修饰。

（3）在喷泉和跌水中安装七彩变色的水下灯。用灯光的手段突出"星城映象"小区的景观特色，使各种元素充分展现其魅力。光色冷暖搭配，动静结合，以营造宁静、温馨、活泼的生活小区氛围。

12. 造景意向设计（图 5-35 ～图 5-38）

品茗对弈养生区
9# 楼架空层

康体养生区
8# 楼架空层

阳光养生区
7# 楼架空层

品茗对弈养生区
6# 楼架空层

休憩养生区架空层

休憩养生区架空层

阳光养生区
4# 楼架空层

图 5-35
架空层景观意向

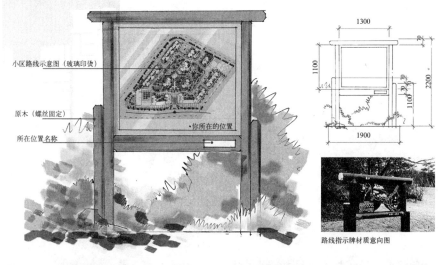

小区路线示意图（玻璃印烫）

原木（螺丝固定）

所在位置名称

·你所在的位置

1300
1100
2200
1900

路线指示牌材质意向图

图 5—36
指示牌意向

图 5—37
铺地样式意向

图 5—38
座凳、垃圾箱意向

5.1.5 环境景观设计评价

1.总体景观设计

景观设计时综合考虑了景观与建筑立面风格的协调、统一，结合建筑形态进行总体景观设计，营造出与之相匹配的环境氛围：生态自然、静谧、低调、精致。

考虑利用绿化造坡等手法，合理有效利用基地内的高差，以及利用比较厚重的林带与植物群落形成天然屏障。景观设计延续总图规划设计概念，布置主景观带，合理有效利用基地内高差，进行丰富的竖向设计，结合总体设计风格考虑标识系统的设计。

整个园区软、硬景比例协调，以软景为主，硬质景观面积应较小。材料选择、色彩搭配以及细部处理都根据当地气候重点考虑。

2.公共区域景观设计

充分利用地形与建筑围合、划分和组织空间，满足社区环境在安全、方便、舒适、公共性和私密性等方面的要求，形成多层次的空间形式；同时设计中考虑合理利用景观遮挡或弱化环境中的设施设备；在道路的尽端或转弯处注重公共区域端景的设计，利用植物造景的设计手法处理端景，使层次丰富、色彩丰富。

3.道路街景设计

对各街道景观进行了详细的设计，各区域结合地形及建筑风格设计，有各自的特色。园区内道路采用实墙和绿化虚实结合方式，墙体的绿化做竖向包装。尽量增加冬季常绿效果，同时增加季相变化的情趣。小区内的园路在设计时尽量展现其曲径通幽的感觉。

4.水体景观设计

小区内设置水景、水系，面积不大。水体的设计尽可能地使业主可以亲水，同时也考虑了安全性。

5.植物配置

进行植物配置时结合当地气候特征充分考虑。景观设计过程中结合景观综合考虑内外观赏效果和私密性。植物配置时采用乡土树种，按层次进行设计，多栽植苗木。

5.2 居住区景观设计项目实训

5.2.1 项目1 某居住小区环境景观设计

1.实训条件

（1）用地概述

项目位于长葛市建设西路、长径铁路以南、成龙幼儿园以北和沟里村土地以东。图5-39为居住小区规划设计平面图。

（2）周边环境及污染源

区域内无噪声源，地块的噪声源主要是周边道路所带来的交通噪声。

（3）主要经济技术指标

建筑用地面积：61622.62m²

总建筑面积：215062m²

绿地率：45%

容积率：3.49

建筑密度：27.5%

2. 实训要求

（1）认真分析现状环境和使用对象，力求营造一个生态化、景观化、宜人化、舒适化的居住环境；体现社区文化，促进人际交往和精神文明建设。

（2）景观设计必须呼应居住小区整体设计风格的主题，硬质景观要同绿化等软质景观相协调。景观设计要根据空间的开放度和私密性组织。

（3）要充分体现地方特征和基地的自然特色。

（4）综合考虑居住小区内交通流线、功能分区等条件，满足居住小区内景观塑造、游憩活动、场地设施配置等各方面的需要。

（5）结合现状创造独具特色的景观，并选择至少两处重要节点进行详细设计。

（6）重点提出居住小区主入口的景观设计方案。

（7）在居住小区景观方案设计中应合理利用各种景观元素造景，其绿化面积（含水面）不宜小于70%。

3. 实训步骤

（1）相关资料收集与调查：收集基础图纸资料，包括地形图、现状图等；调查土壤条件、环境条件、社会经济条件、现有植物状况等。

（2）现场踏查：包括实地测量、绘制现状图、熟悉及掌握设计环境及周边环境情况。

（3）设计目标与立意：通过调查、收集资料及分析，确定设计指导思想、设计原则，设计目标与立意，并编写景观设计任务书。

（4）总体规划设计阶段：构思设计总体方案及种植形式。绘制景观设计草图。

一草要求：着重对题目的理解与地形、环境、文化的分析，从构思入手，注重创新，完成基本平面草图。

二草要求：调整一草不足之处，在一草设计基础上进行深入的方案设计，绘制立面、透视草图。

三草要求：根据个人情况而定，可进行尺规作图，绘制规整平面图、透视图，并上色，也可电脑做图。

（5）详细规划设计阶段：详细规划各景点、景区、建筑小品及植物配置。

（6）编制设计说明书。

4. 设计图纸与成果要求

（1）图纸要求

1）绘图比例自定义，总体图面布局要合理。

2）图面构图合理，清洁美观；线条流畅，墨色均匀；并进行色彩渲染。

3）图例、比例、指北针、设计说明、文字和尺寸标注、图幅等要素齐全，且符合制图规范。

（2）设计成果提交

全套景观设计方案，装订 A3 图册一本，内容包括：

1）设计说明；

2）景观总平面设计图；

3）分析图，包括景观空间结构分析图、景观视线分析图，交通、道路组织图（规划道路、消防车道、步行系统、地下车库出入口等），景观功能分析图、景观节点分析图等；

4）场地主要立面、剖面图；

5）竖向设计图，在地形起伏较大处，进行高程设计，标注各主要部位的高程；

6）植物种植设计图；

7）主要景观节点设计图、节点透视效果图；

8）植物配置、铺装、小品、公共设施等意向图。

5．设计实训考核

实训考核评分标准见下表。

实训考核评分标准

姓名：   专业班级：

序号	考核项目	考核标准			
		A	B	C	D
1	实训态度	实训认真，积极主动，操作仔细，认真记录	较好	一般	较差
2	设计内容	设计科学合理，符合绿地设计的基本原则，具有可达性、功能性、亲和性、系统性和艺术性	较好	一般	较差
3	综合应用能力	结合环境，综合考虑，满足功能和创造优美环境，通过树木配置创造四季景观，同时充分考虑到植物的生态习性和对种植环境的要求	较好	一般	较差
4	实训成果	设计图纸规范、内容完整、真实，具有很好的可行性，独立按时完成	较好	一般	较差
5	能力创新	表现突出，内容完整，立意创新	较好	一般	较差
	总评				

5.2.2　项目 2　庭院空间环境设计

1．设计条件

本地块项目属私家庭院，面积约 500m²，地势基本平坦，庭院东西两侧为邻居别墅，南侧为小区道路（图 5-40）。

2．功能要求

设计应为业主设置家庭室外休闲（集餐、咖啡、打牌、交流等）、散步、观景、坐憩、遛狗等活动空间。

3．空间氛围

要考虑私家庭院特殊的空间尺度及应有的空间品质及特征。

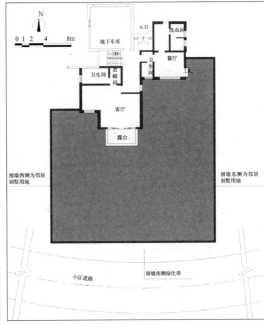

A2 1：1000

4. 设计成果

（1）图纸要求

1）图面构图合理，清洁美观；线条流畅，墨色均匀；并进行色彩渲染。

2）图例、比例、指北针、设计说明、文字和尺寸标注、图幅等要素齐全，且符合制图规范。

（2）设计成果提交

庭院空间环境设计方案，装订A3图册一本，内容包括：

1）设计说明；

2）总平面设计图；

3）场地主要立面图或剖面图；

4）植物种植设计图；

5）主要景点设计效果图；

6）植物配置、铺装、小品、公共设施等意向图。

图5-39（左）
居住小区规划平面
图5-40（右）
庭院空间设计基址

5.2.3　项目3　居住小区详细规划设计（选做）

1. 设计任务

规划用地位于江苏省常州市，规划范围内用地面积为15000m²。

2. 规划设计要求

（1）规划用地详图如图5-41所示，四周均为居住用地，在红线内进行设计。

（2）贯彻统一规划、合理布局、因地制宜、综合开发、配套建设的原则，提出居住小区规划结构分析图，包括用地功能结构、道路系统及交通组织、绿地系统等。

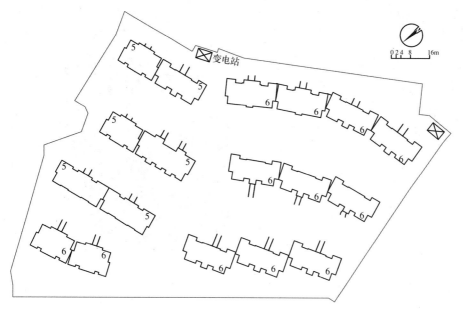

变电站

0 2 4 8　16m

图 5-41
常州市某小区基址

（3）分析并提出居住小区内部居民的交通出行方式。居住小区出入口不得少于两个。必要时，步行、车行出入口可分开设置。

（4）小区内的道路交通系统可分为三级：居住小区级路、居住组团级路、宅间小路，另可布置步行道。各级道路应该相互衔接，形成系统。确定道路平面曲线半径，结合其他要素并综合道路景观效果。

（5）绿化系统应层次分明，与居住小区功能和户外活动统筹考虑。

（6）技术要求：绿地率不小于30%。

3. 图纸内容及要求

（1）居住小区详细规划总平面图

图中应标明：主要道路的中心线、道路转弯半径、室外广场、铺地的基本形式等。绿化部分应区别乔木、灌木、草地、花卉等。

（2）规划结构分析图

应全面明确地表达规划的基本构思、用地功能关系和社区构成等，以及规划基地与周边的功能关系、交通联系和空间关系。

（3）道路交通分析图

应明确表现出各道路的等级、车行和步行活动的主要路线，以及各类广场的位置和规模等。

（4）绿化景观系统分析图

应明确表现出各类绿地景观的范围、功能结构和空间形态等。

（5）整体鸟瞰图（彩色效果图）

（6）居住小区规划设计说明（不少于1500字）

（7）图纸大小：A1图幅

参考文献

[1]　朱佳瑾．居住区规划设计 [M]．北京：中国建筑工业出版社，2007．

[2]　苏晓毅．居住区景观设计 [M]．北京：中国建筑工业出版社，2010．

[3]　张群成．居住区景观设计 [M]．北京：北京大学出版社，2012．

[4]　白德懋．居住区规划与环境设计 [M]．北京：中国建筑工业出版社，2000．

[5]　李德华．城市规划原理 [M]．北京：中国建筑工业出版社，2001．

[6]　杨赛丽．城市园林绿地规划 [M]．北京：中国林业出版社，1995．

[7]　刘滨谊著．现代景观规划设计 [M]（第二版）南京：东南大学出版社，2005．

[8]　陈振华．浅析人文化的居住区入口景观设计 [J]．安徽建筑，2010（9）．

[9]　赵肖丹，宁妍妍．园林规划设计 [M]．北京：水利水电出版社，2012．

[10]　李宏，梁献超．居住小区主入口空间的景观设计 [J]．四川建筑科学研究，2009(12)．

[11]　丁金华．生态化的居住区环境设计初探 [D]．南京：东南大学，2003．

[12]　邓夏．浅谈住宅小区环境设计理念及方法 [J]．河北建筑工程学院学报，2006（9）．

[13]　华怡建筑工作室编著．住宅小区环境设计 [M]．北京：机械工业出版社，2002．

[14]　宋天弘．"中和"之道在居住区坐憩环境设计中的应用 [D]．沈阳：沈阳理工大学，2009．

[15]　郁会平．郑州市居住区绿地景观规划设计研究 [D]．郑州：郑州大学，2011．

[16]　赵衡宇，陈琦．城市居住区环境景观设计教程 [M]．北京：化学工业出版社，2010．

[17]　罗峻．现代居住环境中水体景观的规划与设计 [D]．天津：天津大学，2003．

[18]　郭淑芳，田霞．小区绿化与景观设计 [M]．北京：清华大学出版社，2010．

[19]　克劳斯顿．风景园林植物配置 [M]．北京：中国建筑工业出版社，1992．

[20]　李海霞．别墅庭院景观设计 [D]．合肥：合肥工业大学，2009．

[21]　黄金锜．屋顶花园设计与营造 [M]．北京：中国林业出版社．

[22]　王艳．常州城市屋顶花园地域性创新设计研究 [D]．海口：海南大学，2011．

[23]　林燕芳．屋顶花园若干植物适应性及配置研究 [D]．福州：福建农林大学，2009．

[24]　中国建筑报道网 http：//www.archreport.com.cn/show-6-2404-1.html．

[25]　筑龙园林景观网 http：//yl.zhulong.com/．

[26]　建筑工程师之友 http：//www.gcszy.com/jingguan/．

[27]　天成国际景观 http：//www.tsen.com.cn/news/hangyedongtai/2246.Html．

[28]　九地国际 http：//www.jiudi.net/content/?1039.html．

[29]　http：//www.w856.com/post/207.html．